职业教育创新融合
系列教材

稀土材料检测技术

刘君红　王雅琳　邱　岳 / 主编

张利文 / 主审

化学工业出版社

·北京·

内 容 简 介

《稀土材料检测技术》分为稀土精矿分析、氯化稀土与碳酸稀土分析、稀土金属及其氧化物中元素的测定、稀土磁性材料的微观形貌与元素测定、稀土磁性功能材料性能的测定 5 个部分，内容编排遵循稀土材料从稀土精矿、冶炼到功能材料制备的完整生产流程。教材中将学习内容融入真实检测项目，通过作业指导书明确学习目标、仪器作业准备、试剂的基本性质及测定流程，并设有知识补给站，讲述仪器设备和必备知识。为方便教学，配套视频、课件等丰富的数字资源。

本教材可供职业院校稀土材料技术专业及其他相关专业学生使用，也可供从事稀土材料检测相关工作的技术人员培训或参考。

图书在版编目（CIP）数据

稀土材料检测技术 / 刘君红，王雅琳，邱岳主编.
北京：化学工业出版社，2025. 1. --（职业教育创新融合系列教材）. -- ISBN 978-7-122-47229-8

Ⅰ. TG146.4
中国国家版本馆 CIP 数据核字第 2025VN9858 号

责任编辑：韩庆利　马　波　　文字编辑：丁海蓉　朱　婧
责任校对：宋　玮　　　　　　　装帧设计：刘丽华

出版发行：化学工业出版社
　　　　　（北京市东城区青年湖南街 13 号　邮政编码 100011）
印　　装：三河市航远印刷有限公司
787mm×1092mm　1/16　印张 11¾　字数 273 千字
2025 年 1 月北京第 1 版第 1 次印刷

购书咨询：010-64518888　　　　售后服务：010-64518899
网　　址：http://www.cip.com.cn
凡购买本书，如有缺损质量问题，本社销售中心负责调换。

定　　价：45.00 元　　　　　　　版权所有　违者必究

为响应国家职业教育改革与稀土产业技术升级需求，本教材由包头钢铁职业技术学院牵头，联合中国北方稀土（集团）高科技股份有限公司、包头稀土研究院、包头市金蒙汇磁材料有限责任公司、相关高校及职业院校等包头市绿色稀土产教联合体单位共同开发。以"产业需求导向、技术发展引领、德技双元育人"为核心理念，面向高职院校稀土材料技术专业及其他相关专业学生，系统整合稀土材料制备、检测技术及岗位实践标准，配套虚拟仿真与真实生产资源，着力培养"懂理论、强技能、重素养"的复合型技术人才。

一、教材特色与创新

1. "三阶递进"资源体系

理论教学：模块化编排5大学习情境，覆盖稀土全产业链检测技术节点。

虚拟仿真：嵌入虚拟仿真操作视频，破解高危实验难题。

生产实践：配套企业微课实录，还原真实岗位场景。

2. 产教融合特色

双元开发模式：校企专家联合组建"院校＋企业＋科研机构"协同编写团队。

工艺流程契合：内容编排严格遵循"稀土精矿→冶炼分离→功能材料"生产流程。依照"原料检测→冶炼中间体分析→成品性能评价"的产业逻辑，基本覆盖稀土材料全产业链从矿石到终端产品的全流程检测环节。

情境项目式设计：基于稀土企业真实检测任务，融入企业典型案例，创设5个学习情境。稀土精矿分析（水分／稀土总量测定）、冶炼中间体检测（氯化／碳酸稀土分析／中控产品分析）、金属及氧化物检测（非稀土杂质／稀土配分分析）、磁性材料表征（微观形貌／元素测定）、稀土磁性材料性能评价（外观／物性／磁性能）。每个情境包含2～3个典型检测项目，配套作业指导书与数字化资源创设，并系统整合重量分析法、滴定分析法、分光光度法、ICP光谱分析等传统与现代检测技术。

3. 虚实融合的教学资源

充分利用现代信息技术，开发虚拟仿真项目与标准操作微视频，通过二维码链接数字化资源，打造线上线下融合的学习体验。

配图精心挑选，涵盖高清晰度、具典型代表意义的稀土材料检测现场图、仪器设备图及微观结构示意图等，与文字紧密配合，助力学生直观理解抽象知识，增强学习效果。

4. 教学创新特色

标准作业指导书：细化操作步骤与安全规范要点。

三维评价体系：构建"自我评价（30％）＋小组评价（30％）＋教师评价（40％）"的立体化考核机制。

课程思政渗透：每个教学情境设置思政案例库，融入工匠精神、质量意识、稀土标准自信等课程思政元素，实现技能培养与职业精神塑造有机统一。

二、编写团队与分工

本教材凝聚校企"双元"开发团队智慧，具体分工如下：

主　编

☐刘君红（包头钢铁职业技术学院）：总体规划设计、统稿审校，主笔学习情境一及课程思政案例；

☐王雅琳（包头钢铁职业技术学院）：拟定编写框架，主笔学习情境一、三、五，统筹修订工作；

☐邱　岳（内蒙古包钢钢联股份有限公司煤焦化工分公司）：提供生产案例，参与核心内容编审。

副主编

☐徐　芹（包头钢铁职业技术学院）：主笔学习情境二，制定检测标准；

☐乔　宇（包头稀土研究院）、吴希桃（湖南有色金属职业技术学院）：指导学习情境一、二、三的实操规范与仪器操作。

编写组成员

☐王天丰（包头钢铁职业技术学院）、沙日娜（包头轻工职业技术学院）：共同承担学习情境四编写；

☐周　丽（包头钢铁职业技术学院）：指导思政案例开发；

☐刘艳珠（南昌大学）、郭　峰（内蒙古科技大学）：负责修订教材第一、四部分专业内容；

☐孙喜平（包头市金蒙汇磁材料有限责任公司）：指导学习情境四、五的实践操作与仪器使用规范。

主　审

☐张利文（包头钢铁职业技术学院）。

三、致谢与支持单位

感谢包头市绿色稀土产教联合体成员单位〔中国北方稀土（集团）高科技股份有限公司、包头稀土研究院、包头市金蒙汇磁材料有限责任公司〕提供生产数据、实操视频及案例资源；感谢北京欧倍尔软件技术公司开发虚拟仿真资源及实操微课资源；编写中参考、引用了国内稀土相关领域出版物中技术进展与实际应用案例的同时，也汲取了网络资源中的宝贵信息与前沿动态，在此一并致谢。

四、编写说明与展望

本教材适用于"理论-虚拟仿真-实操"三阶教学模式，建议配套线上资源使用。受编写时间与行业技术发展所限，不足之处恳请指正，共同推动稀土材料检测技术教育的进步与发展。

编　者

学习情境一　稀土精矿分析 ——————————————————— 1

情境描述 ···································· 2
目标要求 ···································· 2
【思政案例】 ······························ 3
测定项目一　稀土精矿水分的测定 ······ 4
　项目描述 ································ 4
　项目分析 ································ 4
　项目实现（作业指导书） ············ 4
　项目测定评价表 ······················ 12
　【知识补给站】 ······················ 13
　　【仪器设备】 ······················ 13

　【必备知识】 ·························· 17
测定项目二　稀土精矿中稀土氧化物总量的
　　　　　　测定 ························ 19
　项目描述 ································ 19
　项目分析 ································ 19
　项目实现（作业指导书） ············ 19
　项目测定评价表 ······················ 28
　【知识补给站】 ······················ 29
　　【仪器设备】 ······················ 29
　　【必备知识】 ······················ 33

学习情境二　氯化稀土与碳酸稀土分析 ——————————— 41

情境描述 ···································· 42
目标要求 ···································· 42
【思政案例】 ······························ 43
测定项目一　稀土总量的测定——EDTA
　　　　　　容量法 ···················· 44
　项目描述 ································ 44
　项目分析 ································ 44
　项目实现（作业指导书） ············ 44
　项目测定评价表 ······················ 55
　【知识补给站】 ······················ 56
　　【仪器设备】 ······················ 56
　　【必备知识】 ······················ 57
测定项目二　氧化铈量的测定——硫酸亚铁铵
　　　　　　容量法 ···················· 65

　项目描述 ································ 65
　项目分析 ································ 65
　项目实现（作业指导书） ············ 65
　项目测定评价表 ······················ 69
　【知识补给站】 ······················ 70
　　【必备知识】 ······················ 70
测定项目三　萃取流程中间控制分析
　　　　　　（酸碱中和） ············ 72
　项目描述 ································ 72
　项目分析 ································ 73
　项目实现（作业指导书） ············ 73
　项目测定评价表 ······················ 77
　【知识补给站】 ······················ 78
　　【必备知识】 ······················ 78

学习情境三　稀土金属及其氧化物中元素的测定 ————————— 83

情境描述 ···································· 84
目标要求 ···································· 84
【思政案例】 ······························ 85
测定项目一　稀土金属及其氧化物中非稀土
　　　　　　杂质化学分析方法——硅量的

　　　　　　测定 ························ 86
　项目描述 ································ 86
　项目分析 ································ 86
　项目实现（作业指导书） ············ 86
　项目测定评价表 ······················ 92

【知识补给站】 …………………… 93

【仪器设备】 ……………………… 93

【必备知识】 ……………………… 96

测定项目二　错钕金属及其氧化物中稀土配分
的测定——电感耦合等离子体
发射光谱法 ………………… 99

项目描述 ……………………… 99

项目分析 ……………………………… 99

项目实现（作业指导书） …………… 100

项目测定评价表 …………………… 109

【知识补给站】 …………………………… 111

【仪器设备】 …………………………… 111

【必备知识】 …………………………… 113

学习情境四　稀土磁性材料的微观形貌与元素测定 —————— 118

情境描述 ………………………… 119

目标要求 ………………………… 119

【思政案例】 …………………… 120

测定项目一　扫描电子显微镜测定钕铁硼
材料微观形貌 ……… 121

项目描述 …………………… 121

项目分析 …………………… 121

项目实现（作业指导书） …… 121

项目测定评价表 …………… 125

【知识补给站】 ………………… 126

【仪器设备】 ……………… 126

【必备知识】 ……………… 128

测定项目二　钕铁硼合金中氧、氮含量的
测定 …………………… 129

项目描述 …………………… 129

项目分析 ……………………………… 129

项目实现（作业指导书） …………… 130

项目测定评价表 …………………… 135

【知识补给站】 …………………………… 135

【仪器设备】 …………………………… 135

【必备知识】 …………………………… 137

测定项目三　钕铁硼合金中氢含量的测定 … 140

项目描述 …………………………… 140

项目分析 …………………………… 140

项目实现（作业指导书） …………… 140

项目测定评价表 …………………… 145

【知识补给站】 …………………………… 145

【仪器设备】 …………………………… 145

【必备知识】 …………………………… 146

学习情境五　稀土磁性功能材料性能的测定 —————————— 149

情境描述 ………………………… 150

目标要求 ………………………… 150

【思政案例】 …………………… 151

测定项目一　钕铁硼产品外观检测 …… 152

项目描述 …………………… 152

项目分析 …………………… 152

项目实现（作业指导书） …… 152

项目测定评价表 …………… 158

【知识补给站】 ………………… 159

【仪器设备】 ……………… 159

【必备知识】 ……………… 162

测定项目二　钕铁硼产品物理性能检测 …… 165

项目描述 …………………… 165

项目分析 …………………… 165

项目实现（作业指导书） …………… 165

项目测定评价表 …………………… 169

【知识补给站】 …………………………… 169

【仪器设备】 …………………………… 169

【必备知识】 …………………………… 170

测定项目三　钕铁硼产品磁性能检测 ……… 171

项目描述 …………………………… 171

项目分析 …………………………… 171

项目实现（作业指导书） …………… 171

项目测定评价表 …………………… 175

【知识补给站】 …………………………… 176

【仪器设备】 …………………………… 176

【必备知识】 …………………………… 179

参考文献 ———————————————— 180

二维码索引

名称	类型	页码	名称	类型	页码
稀土精矿水分的测定		4	酸式滴定管润洗（蒸馏水＋标准液）		50
滴定分析基本操作练习——分析天平		5	酸式滴定管赶气泡、调零		51
直接称量法		14	碱式滴定管赶气泡、调零		51
固定质量称量法		14	酸式滴定管滴定速度的控制(快速滴定＋逐滴滴定)		52
减量法		14	酸式滴定管滴定（半滴操作）		52
稀土精矿中稀土氧化物总量的测定(重量法)		19	碱式滴定管滴定速度的控制(快速滴定)		52
稀土总量的测定——EDTA 容量法		44	碱式滴定管滴定（半滴操作）		52
EDTA 标准溶液的配制及标定		48	滴定管读数		52
滴定分析基本操作练习——滴定管		49	络合滴定原理展示		58
滴定管试漏		49	金属指示剂的变色原理		59

名称	类型	页码	名称	类型	页码
氧化铈量的测定——硫酸亚铁铵容量法		65	扫描电镜的操作		122
氧化还原指示剂作用原理		71	氢分析仪的操作		141
工业盐酸浓度的测定		73	投影仪的操作		155
稀土金属及其氧化物中非稀土杂质化学分析方法——硅量的测定		86	盐雾箱的操作		166
镨钕金属及其氧化物中稀土配分的测定——电感耦合等离子体发射光谱法		100	TA102E 磁通计的操作		172
电感耦合等离子体发射光谱仪结构		111	高斯计 HT208 的操作		173
进样系统工作原理		111			

学习情境一

稀土精矿分析

情境描述

　　全世界开采出来的稀土矿石中，稀土氧化物含量只有百分之几，甚至有的更低，为了满足冶炼的生产要求，在冶炼前经选矿将稀土矿物与脉石矿物和其他有用矿物分开，以提高稀土氧化物的含量，得到能满足稀土冶金要求的稀土精矿。

　　稀土精矿是经过矿石开采和选矿过程选出的富集了稀土矿物的有价产品，是评价稀土矿床经济价值和开发利用的重要参数。对于矿产资源勘查、矿床研究、矿山设计、采矿和选矿等环节来说，稀土精矿含量的准确测定具有重要的指导意义。

　　在工业生产和科研实验中，正确测量物料的含水量也是一个至关重要的环节。因为水分的含量会影响物料的性能和质量，如在粉末冶金、化工生产等领域都需要对物料含水量进行精准测量。稀土精矿水分测定是保证矿石质量和产品质量的重要环节，对选冶工艺的优化，以及产品质量的稳定和提高具有重要作用。

目标要求

知识目标

（1）掌握稀土精矿中水分含量的测定原理及操作步骤。

（2）学习稀土精矿中稀土总量的测定原理及操作步骤。

（3）掌握测定结果的数据分析方法。

能力目标

（1）能依据实验技术内容，阅读获取资源信息——分析、公式、步骤指令、规范要求等。

（2）熟练稀土精矿中水分含量的操作步骤及注意事项。

（3）熟悉重量法测定稀土总量的操作步骤及注意事项。

（4）具有进行分析结果的计算与数据处理的能力。

素养目标

（1）具有严谨、精益求精的实验态度。

（2）具备"标准化"意识，树立分析检验的质量意识，并熟悉相关规范要求及图表等。

（3）培养实验过程中相关的安全意识。规范安全防护措施，正确处置实验废弃物。

（4）树立中国稀土标准自信。

中国稀土矿床之父

丁道衡，我国著名地质学家。1927年，丁道衡应邀参加中国西北科学考察团，这次考察行程万里，历时3年多。在艾不盖河流域驻营地，丁道衡用地质学者的眼光反复审视这一带的地貌和地形，发现了一座有青黑闪光的"富饶神山"，这就是白云鄂博。

何作霖，我国著名地质学家。1934年，何作霖接受好友丁道衡邀请，接手丁道衡采集的白云鄂博矿石标本做室内研究。经过多次研究，于1935年首次发现两种稀土矿物，他撰写的《绥远——稀土类矿物的初步研究》，文中说"发现了两种目前设想是稀土元素来源的极细的、异常的矿物"，命名为白云矿（氟碳铈矿）和鄂博矿（独居石）。自此拉开了白云鄂博勘查与开发的序幕。

从丁道衡发现白云鄂博铁矿，到何作霖发现白云鄂博稀土矿，再到后来发现铌钽矿，两位老一辈地质学家为中国的稀土事业、包头钢铁基地建设和大西北开发做出了重大的历史功绩，被载入稀土发展史册，是值得我们永远铭记的伟大的地质学家！

测定项目一　稀土精矿水分的测定

项目描述

称取一定量稀土精矿试样，在 105～110℃下干燥一定时间，称其失去的质量计算水分含量。

项目分析

白云鄂博矿位于包头市区以北的白云鄂博地区，是我国著名的以铁、稀土、铌等为主的多种金属共生矿床。工业有价元素达 20 多种，稀土元素工业储量为万吨，储量居世界首位。开采得到的白云鄂博矿石经过破碎、磨矿，用磁选法选铁，从选铁尾矿中复选得到稀土粗精矿。采用重选—浮选流程得到氟碳铈矿-独居石混合稀土精矿（简称包头矿），稀土精矿一般含水 5%～20%。一方面，稀土精矿在进行交易时，需根据稀土总量与水分的含量确定价格；另一方面，稀土精矿与浓硫酸高温焙烧分解时，要求精矿不能含有水分。因此对稀土精矿最重要的质量控制是稀土总量与水分。

稀土精矿中有不同含量的水分，直接进行称量不能反映出它们的实际重量（干重）。因此要正确地计算精矿量，必须对其中所含水分进行测定。稀土精矿中吸附水分的测定是通过测量精矿干燥前后的重量差来计算水分含量。将待测样品放入加热至一定温度的恒温箱中，经过一段时间后取出样品，进行称重，然后再次加热并再次称重，直到连续两次称重之间的差异小于一定范围时，认为样品的水分含量稳定。

稀土精矿水分的测定

项目实现（作业指导书）

1. 目的
规范仪器、设备的正确使用，能按照作业指导书进行正确操作。

2. 范围
（1）本操作流程适用于稀土精矿中水分的测定操作。

（2）测定范围：0.2%～20.00%。

3. 职责
（1）实验操作人员负责按照作业指导书要求进行分析检测。

（2）组长、教师负责本作业指导书执行情况的监督。

4. 仪器
（1）烘箱：温度大于 110℃。

（2）称量瓶。

（3）干燥器。

（4）分析天平：感量为 0.0001g。

5. 试样

稀土精矿样品密封保存。

6. 作业流程

测试项目	稀土精矿中水分的测定			
班级		检测人员		所在组

6.1 仪器作业准备

本项目检测中，主要使用的仪器包括分析天平、烘箱、干燥器、称量瓶。根据项目描述，请查阅资料并列出所需主要仪器的清单，见表 1-1-1。

表 1-1-1 仪器清单

所需仪器	型号	主要结构	评价方式
分析天平			材料提交
烘箱			材料提交
干燥器			材料提交
称量瓶			材料提交

6.1.1 分析天平的操作

用于称量操作。定量分析都直接或间接地需要使用分析天平，分析天平称量的准确度对分析结果又有很大的影响，掌握正确的操作方法，避免因天平的使用或保管不当影响称量的准确度。合理地使用称量仪器、正确地称量物质是实验取得成功的有力保障。

滴定分析
基本操作
练习——
分析天平

流程	图示	操作要点	注意事项
分析天平的操作		1. 调水平 调整地脚螺栓高度，调节水平仪内空气气泡位于圆环中央，保证天平称量台干净，天平玻璃门关闭	1. 天平应放于稳定的工作台上，避免震动、阳光照射及气流。电子天平应处于水平状态
		2. 清扫天平 检查秤盘是否清洁，可用专配的毛刷轻扫天平	2. 严禁用溶剂清洁外壳，应用软布清洁

流程	图示	操作要点	注意事项
分析天平的操作		3. 接通电源、仪器自检 预热:天平在初次接通电源或长时间断电之后,至少需要预热30min。为取得理想的测量结果,天平应保持在待机状态。 开机:接通电源,轻按电源键,当显示器显示"0.0000g"时,电子称量系统自检过程结束	3. 电子天平选择的电压挡,应与使用处的外接电源电压相符
		4. 校准 选择校正/调整,按"Cal"键进行外部校正/调整。出现-100.0000g闪烁,把标准砝码放在称量台中央,之后出现+100.0000g,取下砝码,显示0.0000g,校准完成	4. 首次使用天平必须进行校正。要定期对天平进行校正,使其保持在最佳状态
		5. 清零去皮 确定天平最大量程,将容器(或称量纸)放在秤盘上,按"去皮/清零"键去皮/清零,天平显示0.0000g,表示去皮重。 6. 称量样品 打开玻璃门将被测样品放入称量瓶中进行称量,稳定后读数,取放物品要轻拿轻放	5. 称量易挥发和具有腐蚀性的物品时,要盛放在密闭的容器内,以免腐蚀和损坏电子天平 6. 严禁对秤盘进行冲击或过载
		7. 记录 记录被称样品重量,取下被称样品及容器。 8. 关机 称量结束后按电源键关机	7. 关机后长时间不再使用,应拔下电源插头 8. 天平室内湿度应恒定,温度应在20℃左右,湿度应在50%左右

6.1.2 烘箱的操作

用于脱除水分。烘箱又名电热鼓风干燥箱,是采用电加热方式进行鼓风循环干燥试验,可分为鼓风干燥和真空干燥两种。其中,鼓风干燥是通过循环风机吹出热风,以保证箱内的温度平衡。烘箱可用于化工、医药、环境、材料、食品等多个行业。

流程	图示	操作要点	注意事项
烘箱的操作		1. 开机 (1)将仪器顶部散热排风口旋转打开; (2)依次打开电源开关、鼓风开关,加热调至慢挡	1. 开机前,先检查烘箱的电器性能,并注意是否有短路或漏电现象,箱体必须有效接地,以确保安全。 2. 随时检查散热排风口通风正常,切勿堵塞。 3. 通电时切忌打开箱体左侧,内有电器线路,防止触电,切勿用湿布擦抹,更不能用水冲洗
		2. 温度设置 按"▲▼"将温度调节至所需温度	4. 最高设定温度不得超过300℃
		3. 打开箱门 握住外门扣向上拉开门扣	5. 打开箱门后,注意手不要触碰箱内部分,避免烫伤;不要将水溅到箱门内层玻璃上,以免玻璃因骤冷而破裂
		4. 放入测试样品 将做好标识的待测试样放入箱内隔板上	6. 放入样品时,注意手不要触碰到箱内金属部分,避免烫伤。 7. 样品放置不宜过挤,以便冷热空气对流,不受阻塞,以保持箱内温度均匀。 8. 易燃物品不宜放入箱内做高温烘焙试验,如需做高温试验,须事先测得该物品的燃烧温度,以防燃烧
		5. 关闭箱门 握住外门扣向下按压,关上箱门	9. 确认箱门完全关闭,散热排风口打开

流程	图示	操作要点	注意事项
烘箱的操作		6. 测试结束 （1）重复步骤3及步骤5操作，取出测试样品，测试样品性能。 （2）按照步骤1关闭鼓风开关、电源开关，并将仪器顶部散热排风口旋转关闭，高温测试结束	10. 取出样品，手勿触碰箱内金属部分，避免烫伤； 确认各开关已关闭到位，切勿在无专人看管状态下运行

6.1.3 干燥器的操作

用于烘干后冷却。干燥器是实验室为保存干燥物质免受潮湿以及除去潮湿物质中水分的玻璃仪器，保持烘干或灼烧过的物质干燥，也可干燥少量制备的产品。

流程	图示	操作要点	注意事项
干燥器的操作		1. 清洗 将干燥器洗净、擦干	1. 定期检查玻璃干燥器口凡士林的气密性。 2. 定期检查变色硅胶的颜色。如果蓝色不明显或变为粉色，应尽快取出进行烘干处理，以保证干燥器的干燥功能
		2. 装入干燥剂 在干燥器底座按照需要放入干燥剂（变色硅胶），装入量为下室的1/2，然后放上带圆孔瓷板。倒入时注意不要沾污器壁	3. 不要放入太多干燥剂，以免污染坩埚底部
		3. 涂凡士林 在玻璃干燥器和盖子接触的边缘均匀涂抹上凡士林，使内外空气隔绝	4. 凡士林涂抹要均匀适中

流程	图示	操作要点	注意事项
干燥器的操作		4. 开启、闭合盖子 开启或关闭干燥器时,沿水平方向推移进行开启或闭合盖子	5. 搬移玻璃干燥器时,要用双手拿着,用大拇指紧紧按住盖子,以免盖子掉落。 6. 开启干燥器时,不能往上掀盖,左手抵住干燥器身,右手握住盖子的圆顶把手处慢慢地把盖子稍微推开,两手的用力方向相反,等冷空气徐徐进入后,才能完全推开,盖子必须仰放在桌子上
		5. 干燥 将待干燥的物质放在瓷板上	7. 不可将太热的物体放入玻璃干燥器中。 8. 如果将过热的物质放入,要不时地移动干燥器盖子,防止空气受热膨胀将盖子打翻

6.1.4 称量瓶的操作

称量瓶是一种用于精确称取固体试样的器具。正确使用称量瓶不仅能确保实验的准确性,同时也能延长其使用寿命。

流程	图示	操作要点	注意事项
称量瓶的操作		1. 清洁、干燥 使用前,确保称量瓶清洁、干燥,无残留物,避免残留物干扰实验结果	1. 避免手直接接触 手上的油脂和污垢可能会影响称量的准确性,因此在使用称量瓶时应尽量避免直接用手接触
		2. 装样 用药匙或小纸片轻轻将试样放入称量瓶中,避免直接用手接触	2. 轻拿轻放 称量瓶通常是由玻璃制成,易碎。因此,在拿取和放置时要轻拿轻放,避免破损

流程	图示	操作要点	注意事项
称量瓶的操作		3. 称量 将称量瓶放在天平上进行精确称量	3. 精确称量 称量瓶的主要功能是精确称取试样,因此在使用时应确保天平的准确性,并在称量时保持稳定。 4. 保持干燥 如果试样具有吸湿性,应在称量前进行干燥处理,并在干燥的环境中进行称量
		4. 转移 如果需要,可以将称量瓶中的试样转移至其他容器中,但要确保转移过程无损失	5. 避免污染 不同试样之间可能会存在交叉污染,因此在使用称量瓶时应避免混用,确保专瓶专用
		5. 清洗 使用后,及时清洗称量瓶,避免试样残留	6. 定期校准 为确保称量的准确性,应定期对天平进行校准。 7. 安全使用 在使用称量瓶时,应注意安全,避免割伤。如果破损,应及时更换新的称量瓶

6.2 测定流程

6.2.1 测定步骤

步骤	操作要点	引导问题
1. 称样	准确称取试样 10～20g 置于已恒重的称量瓶中,精确至 0.0001g。 称取两份试样进行平行测定,取其平均值	1. 如何准确称量?注意事项有哪些? 2. 为什么选定 2 次平行测定?
2. 测定	将试样置于已恒重的称量瓶中,放入 105～110℃烘箱中,烘干 2h,取出	3. 烘箱温度为什么设置在 105～110℃?烘干 2h 的原因是什么?
	稍冷后放入干燥箱中,冷却至室温,称重,重复此操作,直至恒重	4. 为什么称至恒重?称至恒重的标准是什么?

6.2.2 分析结果的计算与表述

样品中水分的质量分数（%）：

$$w(H_2O) = \frac{m_1 - m_2}{m} \times 100\%$$

式中　m_1——干燥前试样与称量瓶的质量，g；

　　　m_2——干燥后试样与称量瓶的质量，g；

　　　m——试样的质量，g。

6.2.3 数据记录

产品名称		产品编号	
检测项目		检测日期	
平行样项目		Ⅰ	Ⅱ
试样的质量/g			
烘干前试样＋称量瓶的质量/g			
烘干后试样＋称量瓶的质量/g			
水分的质量分数/%			
平均值/%			
精密度			

6.2.4 精密度

6.2.4.1 重复性

在重复性条件下获得的两次独立测试结果的数值，在以下给出的平均值范围内，这两个测试结果的绝对差值不超过重复性限（r），超过重复性限（r）的情况不超过 5%，重复性限（r）按表 1-1-2 数据采用线性内插法求得。

表 1-1-2　重复性

水分的质量分数/%	重复性限(r)/%
2.90	0.19
8.95	0.22
11.77	0.64

注：重复性限（r）为 $2.8S_r$，S_r 为重复性标准差。

6.2.4.2 允许差

实验室之间分析结果的差值应不大于表 1-1-3 所列的允许差。

表 1-1-3　允许差

水分的质量分数/%	允许差/%
0.020～0.10	0.01
＞0.10～1.00	0.04
＞1.00～5.00	0.25
＞5.00～10.00	0.40
＞10.00～20.00	0.70

7. 实施过程问题清单

按照作业流程进行测定结束后，请将主要流程内容及每个流程操作过程中遇到的问题等情况填写在表 1-1-4 中（可以小组讨论形式展开）。

表 1-1-4 实施过程问题清单

序号	主要测定流程	实施情况	遇到的问题	原因分析

项目测定评价表

序号	作业项目	操作要求	自我评价	小组评价	教师评价
1	分析天平的操作	检查天平水平			
		清扫天平			
		接通电源、预热			
		清零/去皮			
		称量操作规范			
		读数、记录正确			
		复原天平			
2	烘箱的操作	开机			
		是否按照标准要求进行温度设置			
		打开、关闭箱门是否正确			
		干燥样品放入、取出操作是否正确			
3	干燥器的操作	干燥器是否干净			
		装入干燥剂的方法及装入量			
		涂凡士林			
		开启、闭合盖子			
		待干燥的物质放置的位置			
4	称量瓶的操作	清洁、干燥			
		恒重			
		装样			
		称量			
		转移			
		清洗			

序号	作业项目	操作要求	自我评价	小组评价	教师评价
5	测定结果评价	精密度、准确度			
6	原始数据记录	是否及时记录			
		记录在规定记录纸上情况			
7	测定结束	仪器清洗干净			
		关闭电源,填写仪器使用记录			
		废液、废物处理情况			
		台面整理、物品摆放情况			
8	损坏仪器	损坏仪器向下降1档评定等级			

评定等级: 优□ 良□ 合格□ 不及格□

 【知识补给站】

【仪器设备】

1. 分析天平与称量方法

1.1　认识分析天平

天平是精确测定物体质量的重要计量仪器,天平的称量误差直接影响分析结果的准确度。因此,分析工作人员掌握天平的结构、性能、使用方法和维护知识是非常必要的。

随着社会经济和科学技术的发展,天平经过了由摇摆天平、机械加码光学天平、单盘精密天平到电子天平的历程,电子分析天平已取代机械天平,成为科学研究、实验教学中常用的称量仪器。

(1) 分析天平的分类

① 根据天平的构造,可分为机械天平和电子天平。

② 根据天平的使用目的,可分为通用天平和专用天平。

③ 根据天平的分度值大小,可分为常量天平 (0.1mg)、半微量天平 (0.01mg)、微量天平 (0.001mg) 等。

④ 根据天平的精度等级,分为四级:精细天平 (特种准确度)、精密天平 (高准确度)、商用天平 (中等准确度)、粗糙天平 (普通准确度)。

⑤ 根据天平的平衡原理,可分为四大类:杠杆式天平、电磁力式天平、弹力式天平和液体静力平衡式天平。

(2) 天平的称量原理　我们常用到的天平有以下三类:普通的托盘天平、电子天平和电子分析天平 (图1-1-1)。

普通的托盘天平是采用杠杆平衡原理,使用前须先调节平衡螺母调平。称量误差较大,一般用于对质量精度要求不太高的场合。调节1g以上质量使用砝码,1g以下使用游标。砝码不能用手直接去拿,要用镊子夹。

电子天平是根据电磁力平衡原理,直接称量,称量过程中,全量程不需要砝码,放上被测物质后,在几秒钟内达到平衡,直接显示读数,具有称量速度快、精度高、体积小、使用寿命长、性能稳定、操作简便和灵敏度高的特点。

此外，电子分析天平还具有自动校正、自动去皮、超载显示、故障报警等功能，以及具有质量电信号如何输出功能，且可与打印机、计算机联用，进一步扩展其功能，如统计称量的最大值、最小值、平均值和标准偏差等。由于电子分析天平具有机械天平无法比拟的优点，尽管其价格偏高，但也越来越广泛地应用于各个领域。

（3）正确选用天平　称量时，要根据不同的称量对象和不同的天平，根据实际情况选用合适的称量方法进行操作。一般称量，称量精度要求不高时，使用普通托盘天平和低精度的电子天平即可，对于质量精度要求高的样品和基准物质应使用电子分析天平来称量（分析实验室常用设备）。

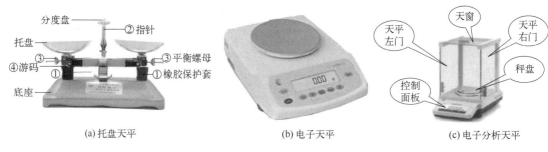

(a) 托盘天平　　　　　　　(b) 电子天平　　　　　　(c) 电子分析天平

图 1-1-1　常用天平

1.2　称量方法

直接称量法

（1）直接称量法　直接将待测称量物置于秤盘或容器中称出质量的方法。所称固体试样没有吸湿性并在空气中是稳定的，可用直接称量法。

例：在天平上准确称出洁净容器的质量，然后用药匙取适量的试样加入容器中，称出它的总质量。两次质量的数值相减，就得出试样的质量。

固定质量称量法

（2）固定质量称量法　用于称量某一固定质量的试剂（如基准物质）或试样，又称增重法。此法要求试样不易吸潮、在空气中稳定。

例：先称量盛试样用的洁净、干燥的容器（如小烧杯等），去皮/清零；用药匙将试样分次逐步加入容器中，直至天平达到预先确定的数值。

减量法

（3）减量法　在分析天平上称量一般都用减量法，称取试样的量用两次称量的质量之差来计算，称减量法（如图 1-1-2 所示）。

例：首先称出试样和称量瓶的精确质量，然后将称量瓶中的试样倒一部分在待盛药品的容器中，到估计量和所求量相接近。倒好药品后盖上称量瓶，放在天平上再精确称出它的质量，两次质量的差数就是试样的质量。如果一次倒入容器的药品太多，必须弃去重称，切勿放回称量瓶。如果倒入的试样不够可再加一次，但次数

图 1-1-2　减量法秤样操作示意图

宜少。此法因减少被称样品与空气接触的机会，故适用于称量易吸水、易氧化或与二氧化碳反应的物质，可称量几份同一试样。

2. 烘箱

烘箱是利用电热丝隔层加热使物体干燥的设备（图1-1-3所示）。烘箱（干燥箱）的

图1-1-3 烘箱

型号很多，但基本结构相似，一般由箱体、电热系统和自动控温系统三部分组成。常见烘箱有鼓风干燥箱和真空干燥箱，实际应用中要根据物料的情况进行选择。

2.1 使用范围

鼓风干燥箱采用电热管加热，又称为电热恒温鼓风干燥箱。鼓风干燥箱是供大专院校、工矿企业、医院、检验科、化验室、科研单位等做干燥、烘焙、熔蜡、灭菌、固化、老化等时使用。不适用于易燃易爆、沸腾等物质。

真空干燥箱适用于热敏性、易分解、易氧化物质和复杂成分物品的快速干燥处理。广泛应用于生物化学、化工制药、医疗卫生、农业科研、环境保护等研究应用领域，做粉末干燥、烘焙以及各类玻璃容器的消毒和灭菌时使用。

2.2 工作原理

鼓风干燥箱采用鼓风循环，通过循环风机吹出热风，保证箱内温度平衡。加热产生热空气带走水分、小分子。

真空干燥箱专为干燥热敏性、易分解和易氧化物质而设计的，能够向内充入惰性气体，特别是一些成分复杂的物品也能进行快速干燥。

真空干燥箱通过利用真空泵将箱体内的空气抽出，形成真空环境，从而降低水的沸点，加快水分的蒸发速度，实现快速而均匀的干燥过程。真空环境不仅降低了需要驱逐的液体的沸点，使得热敏性物质能够安全干燥，而且减少了氧气的存在，避免了物质在高温下氧化或分解的风险。

2.3 加热方式

（1）鼓风干燥箱 鼓风干燥箱的加热方式主要包括电加热器和热风循环系统。

① 电加热器。电加热器通电后产生热量，通过耐高温石英玻璃管传递给被烘烤的物料。同时，高温空气通过风机吹入箱体内部与物料充分接触，从而达到烘干效果。

② 热风循环系统。热风循环系统由电机运转带动送风风轮，使热风吹在电热管上形成热风，然后将热风通过风道送入工业烘箱的工作室。使用后的热风再次被吸入风道成为风源再度循环加热，大大提高了温度均匀性。

（2）真空干燥箱 真空干燥箱的加热方式主要有两种：隔板加热法和捆绑式加热法。

① 隔板加热法。加热管位于真空干燥箱的隔板底部，采用在内腔内加热。升温速度快，温度均匀。由于隔板固定，上下层间距不能调节，适合放置小型的样品，如粉末状、颗粒状或较小的产品。

② 捆绑式加热法。加热管捆绑在真空干燥箱内胆的四周，通过热辐射加热。内部空间可以任意改变，适合放置较大的样品。由于升温速度较慢，温度相对不均匀。

2.4 附件

① 鼓风干燥箱的附件主要包括以下几种：

a. 独立限温控制器：这种控制器可以独立设置温度上限，当温度超过设定值时，会自动中断加热，确保实验安全进行。

b. 多段可编程液晶温度控制器：这种控制器具有编程功能，可以设置多个温度段，适用于需要多温度段的实验。

c. 测试孔：鼓风干燥箱上可以安装测试孔，方便在实验过程中进行取样或监测。

d. 电源插座：用于连接电源，提供电力供应真空干燥箱必须要外接真空泵，或者工厂负压管道系统。

② 真空干燥箱的附件主要包括搁挡、搁板、密封圈和温度传感器等。这些附件在真空干燥箱的使用中起着重要的作用。

a. 搁挡和搁板：真空干燥箱通常配备有灵活可调节的搁挡和搁板。这些搁挡和搁板可以灵活调节高度，方便用户根据需要放置不同大小的物品。例如，LED真空干燥箱采用灵活可调节的搁挡，分层高度可调，条状的搁板方便取放产品。

b. 密封圈：真空干燥箱的箱门与工作室之间装有耐热橡胶密封圈，以保证箱内达到较高的真空度。密封圈的设计确保了箱体的密封性能，防止气体泄漏，从而维持箱内的真空环境。

c. 温度传感器：真空干燥箱的温度控制采用微电脑智能数字技术，具有工业PID自整定功能，控温精度高、抗干扰能力强。温度传感器用于实时监测箱内温度，确保温度控制的准确性和稳定性。

除了上述主要附件外，真空干燥箱还可能配备其他配件，如过滤器、进出气口调节阀门等，以优化干燥效果和操作便利性。

3. 干燥器

干燥器是实验室中为保存干燥物质免受潮湿及除去潮湿物质中的水分的玻璃仪器（如图1-1-4所示）。通常以玻璃制成，器身与器盖磨口处涂凡士林，借以保持密封，器内隔有空的瓷板，下面盛放适量的干燥剂，如无水氯化钙、硅胶、分子筛、浓硫酸等，被干燥的物质一般放在瓷板上面。此外，真空干燥器可缩短干燥所需时间。

4. 称量瓶

称量瓶是一种常用的实验室玻璃器皿，常用于准确称量一定量的固体，精确称量分析试样所用的小玻璃容器又称称瓶（如图1-1-5所示）。一般是圆柱形，带有磨口密合的瓶盖，因有磨口塞，可以防止瓶中的试样吸收空气中的水分和 CO_2 等，适用于称量易吸潮的试样。称量瓶主要用于使用分析天平时称取一定质量的试样，也可用于烘干试样。

图 1-1-4 干燥器

图 1-1-5 称量瓶

称量瓶的种类可以从其形状、材质和规格等角度进行分类。

（1）按形状分类

① 高型称量瓶：通常具有较高的瓶身，瓶高一般在 40～60mm 不等。常用于称量基准物、样品等。

② 扁型称量瓶：瓶身相对较扁，瓶高也在 40～60mm 不等。主要用于测定水分或在烘箱中烘干基准物。

（2）按材质分类

① 普通玻璃称量瓶：由普通玻璃制成，适用于一般实验室需求。

② 石英玻璃称量瓶：材质为石英玻璃，具有更高的耐高温、耐腐蚀性能，适用于需要更高纯度和稳定性的实验。

（3）按规格分类

称量瓶的规格通常以直径（mm）×瓶高（mm）来表示，例如"25mm×40mm"、"30mm×50mm"等。不同规格的称量瓶适用于不同大小的试样称量，见表 1-1-5 和表 1-1-6。

表 1-1-5　扁形称量瓶规格

	直径/mm	瓶高/mm
扁形称量瓶	25	25
	40	25
	50	30
	60	30
	70	35

表 1-1-6　高形称量瓶规格

	直径/mm	瓶高/mm
高形称量瓶	25	40
	30	40
	30	50
	30	60
	35	70

称量瓶使用时注意事项：

① 称量瓶不用时应洗净烘干，可存放在干燥器内以备随时使用，在磨口处垫一小纸，以便打开盖子；

② 称量时不可用手直接拿取，应带指套或垫以洁净纸条；

③ 称量瓶的盖子是磨口配套的，瓶盖不能互换，不得丢失、弄乱；

④ 称量瓶不可盖紧磨口塞烘烤，称量瓶不能用火直接加热。

【必备知识】

1. 稀土资源分布

从 1794 年芬兰人加多林（J. Gadolin）分离出钇到 1947 年美国人马林斯基

（J. A. Marinsky）等制得钷，历时 150 多年。由于早期分析技术水平低，误认为它们在地壳中很稀少，另外它们一般发现于富集的风化壳上，难以溶解，呈土状，故名稀土元素，其实它们是一组金属元素。实际上稀土元素并不稀少，稀土元素（REE）的地壳丰度为 0.017%，其中 Ce、La、Nd 的地球化学丰度比 W、Sn、Mo、Pb 还要高。稀土资源加工利用过程中，对稀土元素的利用以金属态和氧化物态居多。金属态主要应用于合金、磁体等方面，氧化物态主要应用于陶瓷玻璃、催化化工以及发光材料等方面。以美国稀土元素的主要应用为例：石油精炼、催化和化工方面占了 62%，冶金占 13%，玻璃陶瓷和抛光剂等占 9%，磁体占 7%，荧光剂占 3%，其他占 6%。

我国稀土资源分布，呈现出明显的区域集中性，内蒙古包头的白云鄂博、江西赣南、广东粤北、四川凉山为稀土资源集中分布区，占到稀土资源总量的 98%。

稀土资源分布总体上形成了北、南、东、西的分布格局，并具有"北轻南重"的分布特点。北方多为轻稀土资源，如氟碳铈矿，主要分布在内蒙古包头的白云鄂博矿区，其稀土储量占全国稀土总储量的 83% 以上，居世界第一，是我国轻稀土主要生产基地。南方则多为中、重稀土资源，如离子型稀土矿，主要分布在江西赣州、福建龙岩等地区。相关资料显示，尤其是在南岭地区分布可观的离子吸附型中稀土、重稀土矿，易采、易提取，已成为我国重要的中、重稀土生产基地。

目前已知的稀土矿物有 250 多种，可供利用的工业稀土矿物有 50～60 种，而具有实际开采价值的约有 10 种。目前实际开采的稀土矿物只有氟碳铈矿、独居石、磷钇矿，以及离子型稀土矿。我国最重要的两大特色稀土资源基地，一个是内蒙古自治区白云鄂博稀土矿，另一个是南方离子吸附型稀土矿。

2. 稀土精矿

稀土矿在地壳中主要以矿物形式存在，其赋存状态主要有三种：作为矿物的基本组成元素，稀土以离子化合物形式赋存于矿物晶格中，是构成矿物的必不可少的成分，这类矿物通常称为稀土矿物，如独居石、氟碳铈矿等；作为矿物的杂质元素，以类质同象置换的形式分散于造岩矿物和稀有金属矿物中，这类矿物可称为含有稀土元素的矿物，如磷灰石、萤石等；呈离子状态被吸附于某些矿物的表面或颗粒间，这类矿物主要是各种黏土矿物、云母类矿物，这类状态的稀土元素很容易提取。

由于矿物的成矿原因不同，稀土元素在矿物中的赋存状态和含量也不同。当前所开采出的含稀土矿石中，稀土氧化物的含量只有百分之几，甚至更低。为了满足稀土冶金生产的需要，在冶炼之前须先经选矿，将稀土与其他矿石分离，使稀土矿物得到富集。

所谓"稀土精矿"，是相对"稀土原矿"而言，精矿中的稀土与原矿岩中的稀土的赋存形态基本相同，仍然是难溶于水和一般条件下的无机酸的化合物。稀土的原矿岩经过选矿（稀土品位较低的原矿石经破碎粉碎、弱强磁选、浮选等选矿过程，通过富集处理，获得一定产率的稀土品位较高的矿）后所得到的高品位稀土的产物称为稀土精矿。

稀土精矿因产地不同而在成分上表现出显著差异。北方矿物晶格型轻稀土矿中稀土总量普遍介于 50%～60%，杂质以 Fe、P_2O_5、F、Ca 为主，而南方离子吸附型中、重稀土矿中稀土总量差异很大，杂质以 ThO_2、P_2O_5、SiO_2 为主。

测定项目二　稀土精矿中稀土氧化物总量的测定

项目描述

本项目是基于稀土草酸盐重量法实现稀土精矿中稀土氧化物总量的测定。该方法是测定稀土总量的经典方法之一，一般用于稀土含量大于 5％的试样分析，除了稀土精矿、稀土冶金中间产品及稀土化合物外，许多以单一或混合稀土为主要成分的稀土功能材料的分析，也常采用草酸盐重量法测定稀土总量。

该方法是将草酸盐沉淀分离法得到的沉淀灼烧成氧化物进行称量。该方法对常量稀土的测定，虽然比较费时，但在测定稀土总量时得到的沉淀是晶形沉淀，结晶颗粒大，易过滤洗涤，灼烧后易转化为称量形式，同时能够分离干净共存干扰元素，其精密度和准确度高。

影响草酸盐重量法的因素很多，但经过几十年的研究，对沉淀时干扰元素的分离、沉淀酸度、沉淀介质、沉淀体积、陈化时间、灼烧温度等条件进行了优化，使该法更完善、更准确，该方法成为国内外常量稀土总量的仲裁分析或标准分析方法。

采用国家标准 GB/T 18114.1—2010《稀土精矿化学分析方法　第 1 部分：稀土氧化物总量的测定 重量法》。这种方法适用于稀土精矿中稀土氧化物总量的测定，具有重要的实际应用价值。

项目分析

稀土精矿是含有一定量稀土元素的矿石，其主要成分为稀土氧化物。稀土精矿含量的测定方法有多种，常见的有 X 射线荧光光谱法、电感耦合等离子体发射光谱法、原子吸收光谱法等，这些方法各具特点，具体测定时需要根据矿样的特性选择合适的方法。稀土精矿含量的测定不仅关乎资源的有效利用，还涉及环境保护和资源可持续利用的问题。随着科技进步和绿色能源的推广，稀土元素在各个领域的应用将持续增长，因此，稀土精矿的含量对我国稀土资源的开发利用具有重要意义，稀土精矿含量的测定和提高将成为我国矿产资源开发利用的重要任务。

稀土氧化物含量与配分是相关稀土精矿产品生产与交易中最为重要的考核指标，精矿中稀土氧化物的含量被称为精矿的稀土品位。在稀土精矿中，稀土总量的高低决定稀土精矿的品位，这严重影响稀土精矿的价格和产量。非稀土杂质含量高低则影响稀土精矿产品质量分级，而 15 种稀土氧化物配分量进一步决定了稀土精矿生产稀土化合物以及其他单一稀土金属产品的后续分离工艺。因此，对稀土矿产资源的综合开发和节约使用迫切需要我们对稀土精矿中的稀土总量、15 种稀土氧化物配分量以及非稀土杂质含量进行准确测定。

稀土精矿
中稀土氧
化物总量
的测定
（重量法）

项目实现（作业指导书）

1. 目的
规范仪器、设备的正确操作，能按照作业指导书进行分析检测的正确操作。

2. 范围

（1）本操作流程适用于稀土精矿中稀土氧化物含量的测定操作。

（2）测定范围：20.0％～80.0％。

3. 职责

（1）实验操作人员负责按照作业指导书要求进行分析检测。

（2）组长、教师负责本作业指导书执行情况的监督。

4. 试剂

（1）氢氧化钠。

（2）过氧化钠。

（3）氯化铵。

（4）氢氟酸（ρ＝1.13g/mL）。

（5）高氯酸（ρ＝1.67g/mL）。

（6）过氧化氢（30％）。

（7）硝酸（ρ＝1.42g/mL）。

（8）氨水（1＋1）。

（9）盐酸（1＋1）。

（10）盐酸洗液：100mL 水中含 4mL 盐酸（1＋1）。

（11）氢氧化钠洗液（20g/L）。

（12）盐酸-氢氟酸洗液（2＋96）。

（13）氯化铵-氨水洗液：100mL 水中含 2g 氯化铵和 2mL 氨水。

（14）草酸溶液（100g/L）。

（15）甲基红乙醇溶液（2g/L）：称 0.2g 甲基红溶于 100mL 乙醇溶液（1＋1）。

（16）草酸洗液：100mL 溶液中含 1g 草酸、1g 草酸铵及 1mL 无水乙醇。

（17）氧化钍标准贮存溶液：准确称取 0.1000g 二氧化钍 ［$w(ThO_2)$≥99.95％，在 110℃下烘干］于 250mL 烧杯中，加入 10mL 盐酸（ρ＝1.19g/mL）和 0.5mL 氢氟酸（ρ＝1.13g/mL），加热溶解，加入 2mL 高氯酸（ρ＝1.67g/mL）蒸发至冒白烟直至湿盐状，冷却，用 5mL 盐酸（1＋1）溶解并用盐酸（1＋9）定容于 100mL 容量瓶中，混匀，此溶液 1mL 含 1mg 二氧化钍。

（18）氩气：$w(Ar)$≥99.99％。

5. 仪器

（1）等离子体发射光谱仪：分辨率＜0.006nm（200nm 处）。

（2）光源：氩等离子体光源。

（3）马弗炉。

（4）镍坩埚、铂坩埚。

6. 试样（试料）

（1）试样的粒度应研磨至通过 0.074mm 筛。

（2）试样在 105～110℃下干燥 2h，置于干燥器中冷却至室温。

7. 作业流程

测试项目	稀土精矿中稀土氧化物总量的测定				
班级		检测人员		所在组	

7.1 仪器作业准备

本项目检测中，主要使用的仪器有分析天平（操作见测定项目一）、马弗炉、坩埚等。根据项目描述，请列出所需主要仪器的型号和主要结构（表 1-2-1），查阅所需试剂的基本性质和作用（表 1-2-2）。

表 1-2-1 仪器清单

所需仪器	型号	主要结构	评价方式
分析天平			材料提交
马弗炉			材料提交
坩埚			材料提交
过滤用仪器			材料提交

表 1-2-2 试剂清单

主要试剂	基本性质	加入的目的	评价方式
氢氧化钠、过氧化钠			材料提交
盐酸			材料提交
高氯酸			材料提交
氨水			材料提交
草酸溶液			材料提交

7.1.1 马弗炉的操作

准确操作和正确的使用方法是确保实验顺利进行的前提条件。

流程	图示	操作要点	注意事项
马弗炉的操作		1. 准备工作 （1）清洁准备 在使用马弗炉前，首先要确保设备干净，尤其马弗炉内部要没有杂质和污垢。 （2）检查设备功能 检查温度控制仪表、气体控制阀等设备元件是否正常工作，确保没有任何故障。 （3）检查供气和供电 确保马弗炉的气源和电源都正常供应，以免使用过程中出现断电或者气压不稳定的情况	1. 注意安全 在接触马弗炉时，应该佩戴防热手套，并避免身体或其他物体接触到马弗炉的加热元件。 2. 烘炉 第一次使用或长期停用后再次使用时应先进行烘炉，烘炉时间：室温～200℃，打开炉门 4h；200～400℃，关闭炉门烘 2h；400～600℃，关闭炉门烘 2h

流程	图示	操作要点	注意事项
马弗炉的操作		2. 使用 (1)接通电源 将电源线插头插入合适的插座,并确保电源开关处于关闭状态。 (2)打开温度控制仪表 按照说明书上的方法打开温度控制仪表,确保仪表正常工作。 (3)设置温度值 根据实验需要,使用仪表上的按钮或旋钮设置所需的温度值。注意:要根据实际需要设置合适的温度范围,不要超出马弗炉的最高使用温度下限。 (4)启动加热系统 按照仪表上的操作指南启动加热系统,使马弗炉开始升温	3. 遵循操作规程 在使用马弗炉时,要严格按照操作规程进行操作。 4. 注意额定温度 使用时炉膛温度不得超过最高炉温,也不要长时间工作在额定温度以上。 5. 工作环境 要求无易燃易爆物品和腐蚀性气体,确保实验室通风良好
		3. 放置样品 (1)准备样品 根据实验需要,准备需要加热处理的样品。 (2)放置样品 将样品放置在马弗炉的合适位置,注意确保样品与马弗炉内部的加热元件没有接触,以免造成样品变形或者损坏	6. 样品处理 根据需要采取合适的处理方式,例如加热、熔融等;样品应该符合马弗炉的尺寸要求,并且不会对马弗炉造成损坏。 7. 控制样品数量 避免将过多的样品放入马弗炉,以免造成温度不均匀和加热不充分的问题
		4. 控制加热过程 (1)监测温度变化 将样品放置到马弗炉中后,需要对加热过程进行适时的控制。使用温度控制仪表监测马弗炉内部的温度变化,确保温度符合实验需要。 (2)调整加热功率 根据温度变化情况,适时调整马弗炉的加热功率,使温度能够稳定在设定的范围内	8. 恒温区加热 将样品放在恒温区内进行加热或保温实验
		5. 实验结束 (1)关闭加热系统 按照仪表上的操作指南,关闭马弗炉的加热系统,使其停止加热。 (2)等待冷却 等待马弗炉内部温度降低到安全值,可以安全取出样品时,再打开马弗炉的门。 (3)取出样品 将样品从马弗炉中取出,避免烫伤。 (4)清理马弗炉 使用干净的布清理马弗炉内部,去除可能残留在马弗炉内的杂质和污垢。 (5)关闭马弗炉 关闭马弗炉的门,切断电源和气源,确保安全关闭马弗炉	9. 定期维护 (1)炉门要轻关轻开,以防损坏机件。 (2)马弗炉应定期进行维护,包括清洁、检查设备功能以及更换易损件等

7.1.2　坩埚的使用

流程	图示	操作要点	注意事项
坩埚的使用		1. 使用前的准备 (1)清洗干净坩埚; (2)检查其是否有任何裂缝或缺陷	1. 如果有任何缺陷,不要使用该坩埚;坩埚需要定期清洁和保养
		2. 加热和熔融 坩埚受热时要确保其稳定。 3. 混合 将所需的化学物质添加到坩埚内,混合均匀	2. 注意控制温度及过度加热,以避免坩埚破裂或化学物质损坏。 3. 保持安全距离,并使用适当的防护手套或其他安全装备,可使用坩埚钳将其取下
		4. 冷却 操作完毕后,放入干燥器中让其自然冷却或放在石棉网上慢慢冷却,避免坩埚因急剧冷却而破裂	4. 加热后不能骤冷,可能会导致坩埚破裂或化学物质损坏

7.1.3　沉淀法基本操作

重量分析中采用的沉淀法基本操作包括样品溶解、沉淀、过滤、洗涤、烘干和灼烧等步骤。

流程	图示	操作要点	注意事项
溶解		1. 样品溶解及预处理 按照所选测定方法的要求进行溶样,选择合适的容器进行溶样	1. 待测组分要溶解完全、无损失且不额外引入其他杂质
沉淀的过滤与洗涤		2. 沉淀 按照沉淀不同类型选择不同的沉淀条件,按照规定的操作流程进行	2. 待测组分的沉淀尽可能地完全和纯净

流程	图示	操作要点	注意事项
沉淀的过滤与洗涤	(1) (2)	3. 过滤 　按照操作流程选择合适的滤纸及滤器。 　(1)一般采用"倾注法"进行过滤; 　(2)冲洗沉淀并转移	3. 注意滤纸的折叠与安放位置。 　4. 防止滤液外溅。 　5. 保证沉淀转移完全。
		4. 沉淀的洗涤 　沉淀全部转移后,继续用洗涤液洗涤沉淀,并使用适当的检验方法检验沉淀是否洗涤干净	6. 遵循"少量多次"的洗涤原则。 　7. 注意将沉淀全部转入滤纸中
	(a)　(b)　(c)　(d)(e) (a)　　(b)　　(c)	5. 沉淀的包裹 　用正确的方法包好,放于已知质量的称至恒重的瓷坩埚中,以待烘干和灼烧	8. 根据沉淀的性质选用包裹方法
沉淀的烘干与灼烧	(a)炭化　(b)烘干	6. 坩埚的准备 　选择适当的坩埚,洗净,晾干,并在灼烧沉淀的温度条件下,经灼烧至恒重。 　7. 烘干、炭化 　将沉淀包转移入坩埚,将滤纸烘干并炭化。 　8. 灰化 　逐渐提高温度,用坩埚钳转动坩埚,把坩埚内壁上的黑炭完全烧去,将炭烧成 CO_2 从而除去	9. 恒重即前后两次称量结果之差小于 0.2mg。 　10. 防止滤纸着火。 　11. 此过程温度不宜过高,坩埚要受热均匀,以免炸裂。 　12. 控制灰化过程不能因着火而导致待测组分的损失
		9. 沉淀灼烧 　每次灼烧完毕从炉内取出后,需要在空气中稍冷,再移入干燥器中,沉淀冷却到室温后称量	13. 灼烧至恒重

7.2 测定流程

7.2.1 测定步骤

步骤		操作要点	引导问题
1. 称取试样		按表 1-2-3 称取试样,精确至 0.0001g。 表 1-2-3 试样称量 | 稀土氧化物总量的质量分数/%	试样量/g | |---|---| | 20.00～50.00 | 0.40 | | >50.00～80.00 | 0.30 |	1. 如何进行准确称量? _____ _____
2. 平行测定		称取两份试样进行平行测定,取其平均值	2. 平行试验测定的意义是什么? _____ _____
3. 空白试验		随同上述试样做空白试验	3. 什么是空白试液? _____
4. 稀土总量的测定	(1) 试样熔融分解	将试样置于 30mL 镍坩埚(盛有 3g 氢氧化钠,预先已加热除去水分)中,覆盖 1.5g 过氧化钠,加热除去水分,摇动坩埚使试样散开,盖好坩埚盖,置于 750℃ 马弗炉中熔融至缨红并保持 5～10min(中间取出摇动一次),取出稍冷	4. 为什么选用镍坩埚? _____ _____
	(2) 试液浸取	将坩埚置于 400mL 烧杯中,加 120mL 热水浸取。待剧烈作用停止后,用水冲洗坩埚及外壁,加入 2mL 盐酸溶液(1+1)洗涤坩埚,用水洗净并取出坩埚及坩埚盖,控制体积约 180mL。将溶液煮沸 2min,稍冷。用中速滤纸过滤,以氢氧化钠洗液(20g/L)洗涤烧杯 2～3 次,沉淀 5～6 次	5. 为什么选用中速滤纸进行过滤? _____ _____
	(3) 氟化稀土	将沉淀连同滤纸放入原烧杯中,加入 20mL 盐酸(1+1)及 10～15 滴过氧化氢(30%)。将滤纸捣碎,加热溶解,沉淀。溶液和纸浆移入 250mL 塑料杯中,补加热水至约 100mL。在不断搅拌下加入 15mL 氢氟酸(ρ=1.13g/mL),于沸水浴上保温 30～40min,每隔 10min 搅拌一次。取下,冷却至室温,用定量慢速滤纸过滤,用盐酸-氢氟酸洗液(2+96)洗塑料烧杯 3～4 次(用滤纸片擦净烧杯),洗沉淀及滤纸 8～10 次,再用水洗 2 次	6. 溶液及纸浆移入 250mL 塑料杯中,为什么选用塑料杯而不用玻璃烧杯? _____ 7. 选用定量慢速滤纸的依据是什么? _____ _____ 8. 反复洗涤的目的是什么? _____
	(4) 高氯酸除硅	将沉淀和滤纸置于原玻璃烧杯中,加入 30mL 硝酸(ρ=1.42g/mL)、5mL 高氯酸(ρ=1.13g/mL),加热使沉淀和滤纸溶解完全,继续加热至冒高氯酸白烟,并蒸至近干。取下,稍冷后,加入 20mL 盐酸(1+1),用热水吹洗杯壁,加热使盐类溶解至清亮。用定量慢速滤纸过滤于 300mL 烧杯中。用热的盐酸洗液洗净烧杯,并洗滤纸 4～6 次,弃去滤纸	9. 此操作步骤中最后为什么弃去滤纸?滤液中的主要成分是什么? _____ _____

步骤		操作要点	引导问题
4. 稀土总量的测定	(5) 氨水分离	在上述步骤滤液中加入 2g 氯化铵,以水稀释至约 100mL,加热至近沸,滴加氨水(1+1)至刚出现沉淀,加入 0.1mL 过氧化氢(30%)、30mL 氨水(1+1),煮沸。用中速定量滤纸过滤。用氯化铵-氨水洗液洗涤烧杯 2~3 次,沉淀 6~7 次,弃去滤液	10. 试着写出此操作步骤中产生的沉淀的主要成分。 _____ _____
	(6) 草酸盐沉淀	将沉淀和滤纸放入原烧杯中,加入 10mL 盐酸(1+1)、3~4 滴过氧化氢(30%),用玻璃棒将滤纸捣烂。加入 100mL 水,煮沸。加入近沸的 50mL 草酸溶液(100g/L),用氨水(1+1)、盐酸(1+1)和精密 pH 试纸调节 pH 值为 2.0;或加 4~6 滴甲酚红溶液(2g/L),用氨水(1+1)调至溶液呈橘黄色(pH 1.8~2.0),于 80~90℃下保温 40min,冷却至室温,放置 2h	11. 试着写出此操作步骤中产生的沉淀。 _____ _____ 12. 甲酚红溶液为什么会变色? _____ _____ 13. 调节温度 80~90℃,保温 40min 的目的是什么?放置 2h 的目的是什么? _____ _____
	(7) 过滤、灰化	用慢速定量滤纸过滤,用草酸洗液洗涤烧杯 2~3 次,用小块滤纸擦净烧杯,将沉淀全部转移至滤纸上,洗涤沉淀 8~10 次。将沉淀连同滤纸放入 950℃灼烧至质量恒定的铂坩埚中,低温加热,将沉淀和滤纸灰化	14. 为什么用草酸洗液洗涤烧杯? _____
	(8) 灼烧恒重	将铂坩埚和沉淀置于 950℃马弗炉中灼烧 1h,将铂坩埚及烧成的氧化稀土置于干燥器中,冷却至室温,称其质量。 重复上述操作步骤,直至坩埚连同烧成物的质量恒定	15. 灼烧温度为什么选择 950℃?
5. 氧化钍量的测定	(1) 氧化钍分析试样的准备	加入 5mL 盐酸(1+1)于已称量好的铂坩埚中,加热溶解至清亮,取下,冷却至室温。将溶液转移至 100mL 容量瓶中,用水稀释至刻度,混匀。按表 1-2-4 分取试液于 50mL 容量瓶中,加入 5mL 盐酸(1+1),用水稀释至刻度,混匀。 表 1-2-4　氧化钍分析试液 | 二氧化钍/mg	分取体积/mL
---	---
<10.0	<10.0
10.00	10.00		16. 为什么测定氧化钍量的测定?
	(2) 氧化钍标准溶液配制	分别移取 0mL、1.00mL、2.00mL、3.00mL、4.00mL 氧化钍标准贮存溶液于 5 个 200mL 容量瓶中,分别加入 20mL 盐酸溶液(1+1),用水稀释至刻度,混匀。氧化钍系列标准质量浓度见表 1-2-5。 表 1-2-5　氧化钍系列标准质量浓度 | 标准溶液编号	1	2	3	4	5
---	---	---	---	---	---
二氧化钍质量浓度/(μg/mL)	0.00	5.00	10.00	15.00	20.00	
	(3) 测定	将待测分析试液[上述步骤(1)]与氧化钍标准溶液[上述步骤(2)]同时于波长 283.730nm 或 283.232nm 处进行氩等离子体光谱测定	

7.2.2 分析结果的计算与表述

按下式计算稀土氧化物总量的质量分数（％）：

$$w(\text{REO}) = \frac{m_1 - m_2}{m_0} \times 100\% - \frac{(\rho - \rho_0)V_0 V_2 \times 10^{-6}}{m_0 V_1} \times 100\%$$

式中　m_1——铂坩埚及烧成物的质量，g；

　　　m_2——铂坩埚的质量，g；

　　　ρ——计算机输出的氧化钍分析试液中氧化钍的质量浓度，μg/mL；

　　　ρ_0——计算机输出的空白试验溶液中氧化钍的质量浓度，μg/mL；

　　　V_0——试液总体积，mL；

　　　V_2——试液的测定体积，mL；

　　　V_1——分取试液的体积，mL；

　　　m_0——试样的质量，g。

7.2.3 数据记录

检测项目				检测日期			
产品名称				产品编号			
平行样项目		I			II		
铂坩埚的质量/g	第一次	第二次	恒重	第一次	第二次	恒重	
铂坩埚及烧成物的质量/g	第一次	第二次	恒重	第一次	第二次	恒重	
试样的质量/g							
$\rho/(\mu\text{g/mL})$							
$\rho_0/(\mu\text{g/mL})$							
试液总体积/mL							
试液的测定体积/mL							
分取试液的体积/mL							
$w(\text{REO})/\%$							
平均值/%							
精密度							

7.2.4 精密度

7.2.4.1 重复性

在重复性条件下获得的两次独立测试结果的测定值，在以下给出的平均值范围内，这两个测试结果的绝对差值不超过重复性限（r），超过重复性限（r）的情况不超过5％。重复性限（r）按表1-2-6数据采用线性内插法求得。

表 1-2-6　重复性限

稀土氧化物总量的质量分数/%	重复性限(r)/%
37.28	0.51
55.54	0.53
66.83	0.76

注：重复性限（r）为 $2.8S_r$，S_r 为重复性标准差。

7.2.4.2　允许差

实验室之间分析结果的差值应不大于表 1-2-7 所列允许差。

表 1-2-7　允许差

稀土氧化物总量的质量分数/%	允许差/%
20.00～40.00	0.60
>40.00～60.00	0.70
>60.00～80.00	0.80

7.2.5　注意事项

（1）高氯酸冒烟至液面平静即可，或液体出现粉红色，表明铈已全部氧化为四价，即可取下。若冒烟时间过长，容易生成沉淀使检测结果偏低。

（2）冒烟后稍冷，即刻加硫酸提取。若冷却时间较长，一方面不宜提取，另一方面有可能生成沉淀使检测结果偏低。

8. 实施过程问题清单

按照作业流程进行测定结束后，请将主要流程内容及每个流程操作过程中遇到的问题等情况填写在表 1-2-8 中（可以小组讨论形式展开）。

表 1-2-8　实施过程问题清单

序号	主要测定流程	实施情况	遇到的问题	原因分析

项目测定评价表

序号	作业项目			操作要求	自我评价	小组评价	教师评价
1	称取试样			检查天平水平			
				清扫天平			
				接通电源、预热			
				清零/去皮			
				称量操作规范			
				读数、记录正确			
				复原天平			
2	稀土总量测定	试样溶解	马弗炉的使用	准备工作			
				启动操作			
				样品放置			
				温度控制			
				马弗炉关闭顺序			

序号	作业项目	操作要求		自我评价	小组评价	教师评价
2	稀土总量测定	试样溶解	坩埚的使用	使用前的准备			
				加热熔融操作			
				坩埚的冷却			
		沉淀基本操作	溶样操作			
			沉淀生成			
			沉淀过滤、洗涤			
			烘干和灼烧			
3	氧化钍量的测定	分析试样的准备			
		标准溶液配制			
		等离子体光谱测定操作			
4	测定结果评价	精密度、准确度			
5	原始数据记录	是否及时记录			
		记录在规定记录纸上情况			
6	测定结束	仪器是否清洗干净			
		关闭电源，填写仪器使用记录			
		废液、废物处理情况			
		台面整理、物品摆放情况			
7	损坏仪器	损坏仪器向下降 1 档评价等级			

评定等级： 优□ 良□ 合格□ 不及格□

 【知识补给站】

【仪器设备】

1. 滤纸、漏斗

1.1 滤纸的选择

滤纸分定性滤纸和定量滤纸两种，重量分析中常用定量滤纸（或称无灰滤纸）进行过滤。定量滤纸灼烧后，灰分小于 0.0001g 者叫"无灰滤纸"，灰分重量可以免计；若灰分重量大于 0.0002g，则应从称得的沉淀重量中减去滤纸灰分重量。

定量滤纸一般为圆形，按直径分有 11cm、9cm、7cm 等几种；根据滤纸孔隙大小分有"快速""中速"和"慢速"3 种。

根据沉淀的性质选择滤纸的滤速：细晶形沉淀，选用"慢速"滤纸过滤；胶状沉淀，选用"快速"滤纸过滤；粗晶形沉淀，宜选用"中速"滤纸过滤。

根据沉淀的体积选择滤纸的大小：沉淀应装至滤纸圆锥高度的 1/3～1/2 处；滤纸大小还应与漏斗相匹配，即滤纸上沿应比漏斗上沿低 0.5～1cm。

1.2 漏斗的选择

用于重量分析的漏斗应该是长颈漏斗，颈长为 15～20cm，漏斗锥体角应为 60°，颈的直径要小些，一般为 3～5mm，以便在颈内容易保留水柱，出口处磨成 45°角，如图 1-2-1（a）所示。漏斗在使用前应洗净。

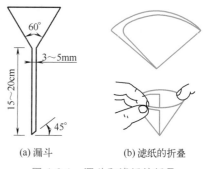

图 1-2-1　漏斗和滤纸的折叠

1.3　滤纸的折叠

折叠滤纸的手要洗净擦干。滤纸的折叠如图 1-2-1（b）所示。先把滤纸对折并按紧 1/2，然后再对折但不要按紧，把折成圆锥形的滤纸放入漏斗中。滤纸的大小应低于漏斗边缘 0.5～1cm，若高出漏斗边缘，可剪去一圈。观察折好的滤纸是否能与漏斗内壁紧密贴合，若未贴合紧密可以适当改变滤纸折叠角度，直至与漏斗贴紧后把第二次的折边折紧。取出圆锥形滤纸，将半边为三层滤纸的外层折角撕下一块，这样可以使内层滤纸紧密贴在漏斗内壁上，撕下来的那一小块滤纸，保留作擦拭烧杯内残留的沉淀用。

1.4　做水柱

滤纸放入漏斗后，用手按紧使之紧密贴合，然后用洗瓶加水润湿全部滤纸。用手指轻压滤纸赶走滤纸与漏斗壁间的气泡，然后加水至滤纸边缘，此时漏斗颈内应全部充满水，形成水柱。滤纸上的水全部流尽后，漏斗颈内的水柱仍能保留且无气泡，这样，由于液体的重力可起抽滤作用，加快过滤速度。

若水柱做不成，可用手指堵住漏斗下口，稍掀起滤纸的一边，用洗瓶向滤纸和漏斗间的空隙内加水，直到漏斗颈及锥体的一部分被水充满，然后边按紧滤纸边慢慢松开下面堵住出口的手指，此时水柱应该形成。如仍不能形成水柱，或水柱不能保持，而漏斗颈又确已洗净，则是因为漏斗颈太大。

做好水柱的漏斗应放在漏斗架上，下面用一个洁净的烧杯承接滤液，滤液可用于其他组分的测定。滤液有时是不需要的，但考虑到过滤过程中可能有沉淀渗滤，或滤纸意外破裂，需要重滤，所以要用洗净的烧杯来承接滤液。为了防止滤液外溅，一般都将漏斗颈出口斜口长的一侧贴紧烧杯内壁。

1.5　倾泻法过滤和初步洗涤

过滤和洗涤一定要一次完成，因此必须事先计划好时间，不能间断，特别是过滤胶状沉淀。

过滤一般分 3 个阶段进行：第一阶段采用倾泻法把尽可能多的清液先过滤过去，并对烧杯中的沉淀做初步洗涤；第二阶段把沉淀转移到漏斗上；第三阶段清洗烧杯，洗涤漏斗上的沉淀。

图 1-2-2　过滤

过滤时，为了避免沉淀堵塞滤纸的空隙，影响过滤速度，一般多采用倾泻法过滤，即倾斜静置烧杯，待沉淀下降后，先将上层清液倾入漏斗中，而不是一开始过滤就将沉淀和溶液搅混后过滤。

过滤操作如图 1-2-2 所示。将烧杯移到漏斗上方，轻轻提取玻璃棒，将玻璃棒下端轻碰一下烧杯壁使悬挂的液滴流回烧杯中，将烧杯嘴与玻璃棒贴紧，玻璃棒直立，下端接近三层滤纸的一边，慢慢倾斜烧杯，使上层清液沿玻璃棒流入漏斗中，漏斗中的液面不要超过滤纸高度的

2/3，或使液面离滤纸上边缘约 5mm，以免少量沉淀因毛细管作用越过滤纸上缘，造成损失。

暂停倾注时，应沿玻璃棒将烧杯嘴往上提，逐渐使烧杯直立，等玻璃棒和烧杯由相互垂直变为几乎平行时，将玻璃棒离开烧杯嘴而移入烧杯中。这样才能避免留在棒端及烧杯嘴上的液体流到烧杯外壁上去。玻璃棒放回原烧杯时，勿将清液搅混，也不要靠在烧杯嘴处，因嘴处沾有少量沉淀，如此重复操作，直至上层清液倾完为止。当烧杯内的液体较少而不便倾出时，可将玻璃棒稍向左倾斜，使烧杯倾斜角度更大些。在上层清液倾注完了以后，在烧杯中做初步洗涤。

根据沉淀的类型选用洗涤液洗涤沉淀。

① 晶形沉淀：可用冷的稀的沉淀剂进行洗涤，由于同离子效应，可以减少沉淀的溶解损失。但是如沉淀剂为不挥发的物质，就不能用作洗涤液，此时可改用蒸馏水或其他合适的溶液洗涤沉淀。

② 无定形沉淀：用热的电解质溶液作洗涤剂，以防止产生胶溶现象，大多采用易挥发的铵盐溶液作洗涤剂。

③ 对于溶解度较大的沉淀，采用沉淀剂加有机溶剂洗涤沉淀，可降低其溶解度。

洗涤时，沿烧杯内壁四周注入少量洗涤液，每次约 20mL，充分搅拌，静置，待沉淀沉降后，按上法倾注过滤，如此洗涤沉淀 4～5 次，每次应尽可能把洗涤液倾倒尽，再加第二份洗涤液。随时检查滤液是否透明（不含沉淀颗粒），否则应重新过滤，或重做实验。

1.6 沉淀的转移

沉淀用倾泻法洗涤后，在盛有沉淀的烧杯中加入少量洗涤液，搅拌混合，全部倾入漏斗中。如此重复 2～3 次，然后将玻璃棒横放在烧杯口上，玻璃棒下端比烧杯口长出 2～3cm，左手食指按住玻璃棒，大拇指在前，其余手指在后，拿起烧杯，放在漏斗上方，倾斜烧杯使玻璃棒仍指向三层滤纸的一边，用洗瓶冲洗烧杯壁上附着的沉淀，使之全部转移入漏斗中，如图 1-2-3 所示。

漏斗位置的高低，以过滤过程中漏斗颈的出口不接触滤液为度。

最后用保存的小块滤纸擦拭玻璃棒，再放入烧杯中，用玻璃棒压住滤纸进行擦拭。擦拭后的滤纸块，用玻璃棒拨入漏斗中，用洗涤液再冲洗烧杯将残存的沉淀全部转入漏斗中。有时也可用淀帚（如图 1-2-4 所示）擦洗烧杯上的沉淀，然后洗净淀帚。淀帚一般可自制，剪一段乳胶管，一端套在玻璃棒上，另一端用橡胶胶水黏合，用夹子夹扁晾干即成。

1.7 洗涤

沉淀全部转移到滤纸上后，再在滤纸上进行最后的洗涤。这时要用洗瓶由滤纸边缘稍下一些地方螺旋形向下移动冲洗沉淀，如图 1-2-5 所示。这样可使沉淀集中到滤纸锥体的底部，不可将洗涤液直接冲到滤纸中央沉淀上，以免沉淀外溅。

采用"少量多次"的方法洗涤沉淀，即每次加少量洗涤液，洗后尽量沥干，再加第二次洗涤液，这样可提高洗涤效率。

2. 坩埚

坩埚是重要的实验室耗材之一，它主要用于放置和加热实验物质。坩埚是用极耐火的材料（如黏土、石英、瓷土或较难熔化的金属）所制的器皿或熔化罐。它具有承受高温和

图 1-2-3　最后少量沉淀的冲洗　　　　　图 1-2-4　淀帚　　　　　图 1-2-5　沉淀洗涤

酸碱腐蚀等特性，主要用于加热、熔融和混合各种化学物质，广泛应用于实验室、化工厂和金属冶炼等行业。

2.1　坩埚的作用

（1）加热作用　坩埚能够承受高温，可以用于加热各种化学物质进行反应或者将化学物质变成固体。

（2）熔融作用　坩埚可以用于熔融化学物质，将固体物质熔化成液体或半固体物质。通常用于熔化金属、玻璃、陶瓷等材料。

（3）混合作用　在化学制剂的生产和制备过程中，有时需要在坩埚中混合两种或两种以上的化学物质，以便进行进一步的反应或制备。

2.2　坩埚的种类

（1）金属坩埚　金属坩埚一般选用锑、铜、铁、锡、铝等金属材质制成。金属坩埚通常可耐高温，不易破裂，具有良好的导热性和导电性，散热快，避免了玻璃坩埚由于热胀冷缩产生的裂纹，适合高温催化反应、合成和分析等实验。不过，金属坩埚的缺点也是明显的，它容易被对应化学物质侵蚀而产生化学反应，从而对实验数据产生影响。

（2）陶瓷坩埚　陶瓷坩埚一般选用氧化铝、石英和硼矸石等材质制成。陶瓷坩埚具有高纯、耐高温、不易受化学物质侵蚀、热稳定性好等优点，但它的导热性和导电性较差，加热速度慢，不适合那些需要快速升温的实验。

常用的陶瓷坩埚有瓷坩埚和石英坩埚等。

2.3　坩埚的选择方法

确保所选坩埚不与样品发生反应，除非希望坩埚起催化效果。坩埚在测试温度范围内不能熔融，具有足够的容积来盛放样品，特别是液体样品不应超过坩埚容积的 2/3。新坩埚最好先在马弗炉中烧 0.5h，然后放在干燥皿中备用。

坩埚的选择根据实验目的和实验物质的性质来进行，可以从以下几个方面考虑：

（1）实验物质的性质　坩埚要以实验物质的性质来定，如实验物质有化学反应或能与常见金属发生化学反应，建议选择陶瓷坩埚；反之，要测量和分析具有通透性的样品，则建议使用石英坩埚。

（2）温度要求　温度是选择坩埚的另一个关键因素，坩埚需要耐受实验中的高温。陶瓷坩埚通常能耐受更高的温度；石英坩埚能耐受 1200℃ 以上的高温；而金属坩埚只能耐受较低温度，一般不超过 1000℃。

（3）实验数据的需求　金属坩埚和陶瓷坩埚对实验数据产生的影响不同。金属坩埚能被侵蚀，释放出微量的金属离子，而陶瓷坩埚则可以产生较精确的实验数据。因此，如果需要精确的实验数据，建议选择陶瓷坩埚。

（4）质量成本　在很多情况下，质量成本也是选择坩埚的关键因素。常见的金属坩埚质量较高，价格偏贵；而陶瓷坩埚的价格相对较低，可用于经济实惠的实验室研究。

坩埚材质不同，其承受温度和化学性质也不同，所以正确地选择坩埚对实验结果的准确度和样品的纯净度有着至关重要的作用。例：实验室常备用的坩埚有镍坩埚、铁坩埚和铂坩埚等。镍坩埚适用于熔融温度不超过700℃的情况，最高不超过850℃，且熔融时间应尽可能短。因为镍坩埚容易受到侵蚀，镍坩埚不适用于酸性溶剂及含硫的碱性硫化物溶剂。铁坩埚可以作为镍坩埚的替代品，价格较低，但不测铁时才能使用。铂坩埚具有高熔点（1770℃），对各种酸都很稳定，除了王水外，常用作氢氟酸分解试样及除掉硅酸的器具。氧化铝坩埚和铂金坩埚也是常见的选择，具有不同的容积和耐温性能，适用于不同的实验需求。

3. 马弗炉

马弗炉是一种常用于高温实验和热处理的实验设备，它可以提供高温密闭环境，并且具有良好的温度控制能力，广泛应用于化学、物理、材料等领域的实验研究中。

3.1　工作原理

内炉衬耐火材料制成的矩形整体炉衬。由电阻丝绕制成螺旋状的加热元件穿于内炉衬上、下、左、右的丝槽中。炉内为密封式结构，电炉的炉口砖和炉门砖采用轻质耐火材料，内炉衬与炉壳之间用耐火纤维、膨胀珍珠岩制品砌筑为保温层。加热元件采用高温铁铬铝电阻丝加热，电阻丝绕于炉膛外面能有效保护电阻丝不被碰伤。但配套之温度控制器应避免受震动，且放置位置与电炉不宜太近，防止因过热而影响控制部分的正常工作。

3.2　马弗炉的分类

马弗炉可以根据其加热元件、使用温度和控制器、保温材料的不同来分类，具体如下。

① 按加热元件区分有：电炉丝马弗炉、硅碳棒马弗炉、硅钼棒马弗炉。

② 按使用温度来区分一般分为：1000℃以下用的是箱式马弗炉，1100～1300℃用的是硅碳棒马弗炉，1600℃以上用的是硅钼棒马弗炉。

③ 按控制器来区分有：指针表马弗炉、普通数字显示表马弗炉、PID（智能数显）调节控制表马弗炉、程序控制表马弗炉。

④ 按保温材料来区分有：普通耐火砖马弗炉和陶瓷纤维马弗炉。

【必备知识】

1. 重量分析法

1.1　概述

重量分析法是采用适当的方法先将被测组分与试样中其他组分分离，转化为一种纯粹的、化学组成固定的化合物，然后称量，根据化学因数计算该组分的含量。

重量分析法包括沉淀法、气化法、电解法、萃取法等。

通常重量分析指的是沉淀法，以沉淀反应为基础，通过称量反应生成物的重量来测定物质含量。

（1）沉淀法　沉淀法是重量分析法中应用最广泛的一种方法。这种方法是以沉淀反应为基础，利用试剂与待测组分生成溶解度很小的沉淀，经过过滤、洗涤、烘干或灼烧得到组成一定的物质，然后称其质量，再计算待测组分的含量。

（2）气化法　利用物质的挥发性质，通过加热或其他方法使试验中的待测组分挥发逸出，然后根据试样质量的减少计算该组分的含量；或者用吸收剂吸收逸出的组分，根据吸收剂质量的增加计算该组分的含量。

（3）电解法　利用电解的方法，使待测金属离子在电极上还原析出，然后称量，根据电极增加的质量求得其含量。

（4）萃取法　萃取法是利用被测组分在互不混溶的两种溶剂中溶解度的差异，将被测组分从一种溶剂中定量萃取到另一种溶剂中，然后将萃取液中的溶剂蒸去，干燥至恒重，称量干燥物的质量，从而确定被测组分的含量。

重量分析法的优点是准确度高，但由于操作烦琐、分析周期长，且不适用于微量分析和痕量组分的测定，因此应用受到限制。重量分析法主要用于常量组分的测定，测定的相对误差一般不大于 0.1%。

1.2　一般步骤

重量分析法的一般步骤为：试样称量→试液→沉淀形式→称量形式→计算结果。

试样经适当步骤分解后，制成含被测组分的试液。加入沉淀剂后，得到含被测组分的沉淀形式。经过滤、洗涤、灼烧或干燥，得到称量形式。根据称量形式可以进行重量分析计算结果。沉淀形式和称量形式可以相同，也可以不同。

1.3　对沉淀的要求

在重量分析中，沉淀是要经过干燥或灼烧称重的。然而，在干燥或灼烧的过程中，沉淀可能发生化学变化。这样就会出现称量的物质不再是原来的沉淀，而是由沉淀转化而来的另一种物质。也就是说，在重量分析中，"沉淀形式"和"称量形式"可能有时相同，有时不同。例如，用草酸盐重量法测定稀土时，沉淀形式是 $RE_2(C_2O_4)_3 \cdot nH_2O$，将其灼烧，得到的称量形式是 RE_2O_3 ［除 CeO_3、PrO_x（$1.5 < x < 2$）、Tb_4O_7 外］，两者完全不同。

由于重量分析中欲测组分的含量是根据沉淀的称量形式的重量和组成来进行计算的，所以对这种沉淀就有严格的要求。

1.4　对沉淀形式的要求

（1）沉淀要有专一性、纯净　只有被测定的组分形成沉淀，尽量避免混进杂质，或其他杂质不干扰。

（2）沉淀要完全，沉淀物的溶解度要小，使被测组分能定量沉淀完全　沉淀的溶解度越小，被测组分沉淀得越完全。根据分析误差的要求，沉淀的溶解损失（包括沉淀在滤液和洗涤液中的损失）不应超过分析天平允许的称量误差，即 $0.2mg$。

（3）沉淀应易于过滤和洗涤　沉淀应是颗粒粗大的晶形沉淀，易于过滤、洗涤。对于非晶形沉淀，必须选择适当的沉淀条件，使沉淀结构尽可能紧密；如果只能生成无定形沉淀，也应控制沉淀条件，改变沉淀的性质，以便得到易于过滤和洗涤的沉淀。

（4）沉淀应易于转化为称量形式　沉淀经干燥或燃烧后，易于得到组成恒定、性质稳定的称量形式。

1.5 对称量形式的要求

（1）称量形式有确定的组成　化学组成恒定，符合一定化学式，这是对称量形式最重要的要求。称量形式必须有确定的组成，其组成必须与化学式相符，否则，无法计算分析结果。

（2）称量形式有足够的化学稳定性　不易吸收空气中的水分和二氧化碳，在干燥、灼烧时不易分解或变质，否则不适合用作称量形式。

（3）称量形式的分子量要尽可能大　少量的待测组分可以得到较大量的称量物质。分子量越大，被测组分所占的百分比就越小，其分析结果越可靠。可以提高分析灵敏度，减小称量误差。

1.6 沉淀剂的选择及用量

（1）沉淀剂的选择　绝对不溶于水的物质是不存在的，沉淀完全与否也是相对的。在重量分析中，只要沉淀的溶解损失量不超过称量误差范围（即 0.2mg）就被认为沉淀完全。为满足这些要求，选择沉淀剂时应注意以下几点：

① 选用的沉淀剂与待测组分所形成的沉淀溶解度要小，保证待测组分沉淀完全。

② 选用具有较高选择性的沉淀剂。沉淀剂只能与待测组分生成沉淀，而与试液中的其他组分不起作用。例如：对稀土有较好选择性的沉淀剂——$H_2C_2O_4$。

③ 选用与被测离子能形成颗粒粗大的晶形沉淀的沉淀剂。晶形沉淀易于过滤、洗涤，吸附杂质少；而非晶形沉淀难以过滤、洗涤，吸附杂质严重。不得已进行非晶形沉淀时，必须控制条件使结构紧密一些。稀土草酸盐是晶形沉淀，易于过滤、洗涤。稀土氟化物 $REF_3 \cdot xH_2O$ 是胶状沉淀，不易过滤和洗涤。所以，尽管稀土氟化物的溶解度比稀土草酸盐要小，但在实际工作中很少采用稀土氟化物沉淀。

④ 选用能获得分子量较大的称量形式的沉淀剂。

⑤ 选用的沉淀剂易挥发或灼烧除去。为保证被测组分沉淀完全，考虑同离子效应，沉淀剂往往要加入得过量一些。难免在沉淀中要混杂或吸附一些沉淀剂，在干燥、灼烧沉淀时如果混杂的沉淀剂是挥发性的，易得到纯净的沉淀，不会给分析结果带来干扰。例如：用重量法测定稀土总量时，以草酸为沉淀剂，被沉淀吸附的草酸在灼烧时能够挥发除去。

⑥ 选用的沉淀剂本身具有较大的溶解度，可以减少沉淀对沉淀剂的吸附作用，使得沉淀更加纯净。沉淀剂有无机沉淀剂和有机沉淀剂。有机沉淀剂一般比无机沉淀剂好，原因是与有机沉淀剂生成的沉淀因溶解度小，选择性好，称量形式的摩尔质量较大，沉淀组成固定，易于过滤、洗涤，所得沉淀大多数烘干后即可直接称量，克服了无机沉淀剂的某些不足。例如：在有机溶剂存在下，稀土草酸盐的溶解度更小。加入乙醇、丙酮可提高沉淀率，缩短陈化时间。加入适量六亚甲基四胺，可以增大结晶粒度，便于过滤。

（2）沉淀剂的用量　沉淀剂的用量关系到沉淀的完全度和纯度。根据沉淀反应的化学计量关系，可以推算出待测组分完全沉淀所需沉淀剂的量，考虑到影响沉淀溶解度的诸多因素，加入沉淀剂时应适当过量。若沉淀剂本身难挥发，一般过量 20%～30%或更少些；若沉淀剂易挥发，则过量可达 50%～100%；一般的沉淀剂应过量 30%～50%。

2. 沉淀的形成

2.1 沉淀的类型

按照沉淀的结构来分类，沉淀一般可分为晶形沉淀和非晶形沉淀（亦称为无定形沉淀或胶状沉淀）两大类。它们之间的最大差别是沉淀颗粒的大小不同，按照颗粒大小和外观形态，可将沉淀粗略分为以下三种类型：

（1）晶形沉淀　颗粒直径 $0.1 \sim 1\mu m$。内部颗粒排列整齐，结构紧密，整个沉淀所占的体积较小，极易沉降在容器的底部，吸附杂质少，易于过滤、洗涤。例：$RE_2(C_2O_4)_3 \cdot nH_2O$ 为晶形沉淀。

（2）无定形沉淀　颗粒直径 $< 0.02\mu m$。结构疏松，比表面积大，吸附杂质较多，沉淀颗粒的排列杂乱无章，其中又包含大量数目不定的水分子，体积庞大疏松，容易吸附杂质，难以沉降，不易过滤、洗涤，常有穿透现象，给分析结果带来误差。例：$RE(OH)_3$ 是非晶形沉淀。

（3）凝乳状沉淀　颗粒直径和性质介于上述两种沉淀之间。例：AgCl 沉淀。

在重量分析中，总希望获得颗粒粗大的晶形沉淀。要获得易于过滤、洗涤的沉淀，就必须了解沉淀形成的过程并选择适当的沉淀条件。但是生成何种类型的沉淀，首先取决于沉淀的性质，其次也与沉淀形成的条件及沉淀后的处理有关。

2.2 沉淀的形成

沉淀的形成是一个复杂的过程，主要涉及晶核形成和晶核长大两个阶段。

（1）晶核形成

构晶离子 { 异相成核(诱导作用) / 均相成核(静电作用)——离子对 } 离子聚集体 → 晶核

（2）晶核长大

晶核 → 沉淀微粒 { 定向排列 → 晶形沉淀 / 凝聚 → 无定形沉淀 }

晶核的形成有两种：一种是均相成核；另一种是异相成核。晶核长大形成沉淀颗粒，沉淀颗粒的大小由聚集速度和定向速度的相对大小决定。如果聚集速度大于定向速度，则生成的晶核数较多，来不及排列成晶格，就会得到无定形沉淀；如果定向速度大于聚集速度，则构晶离子在自己的晶格上有足够的时间进行晶格排列，就会得到晶形沉淀。

在重量分析中，为获得颗粒粗大的晶形沉淀，可通过控制溶液的条件，如采用较稀溶液和增大沉淀溶解度等措施，降低相对过饱和度，减小聚集速度，使之有利于生成颗粒晶形沉淀。控制沉淀条件，也可以改变沉淀的类型。例如：$BaSO_4$ 晶形沉淀，如果从浓溶液中析出，快速地加入沉淀剂，也可以得到非晶形沉淀。Ca^{2+}、Mg^{2+} 等二价金属离子的氢氧化物从稀溶液的热溶液中析出经过放置后，也可以得到晶形沉淀。

由此可见，沉淀究竟是哪一种类型，不仅取决于沉淀本质，而且取决于沉淀形成时的条件。为了得到所希望的粗大颗粒沉淀，通过改善沉淀的条件来控制沉淀的成核过程和成长过程是十分重要的。

2.3 沉淀条件的选择

为了获得纯净、易于过滤和洗涤的沉淀，必须根据不同的沉淀类型，选择不同的沉淀条件。

（1）晶形沉淀的沉淀条件

① 沉淀应当在适当稀的溶液中进行。被测溶液和沉淀剂都是适当的稀溶液，这样，在沉淀形成过程中，溶液的相对过饱和度不至于太大，可以使晶核生成的速度降低，生成的晶核较少，容易得到大颗粒的晶形沉淀。但是，溶液也不能太稀，需保持适当的过饱和度，否则，由于沉淀具有一定的溶解度，也会引起被测物质的损失。

② 在不断搅拌下，缓慢地加入沉淀剂。加入沉淀剂时，要不断搅拌，这样可以防止溶液中局部过浓现象，以免瞬时生成大量的晶核。

③ 沉淀应在热溶液中进行。一般来说，在热溶液中进行沉淀可以增大沉淀的溶解度，降低溶液的相对过饱和度，有利于形成少而大的结晶颗粒。同时，加热还可以有效地阻止沉淀表面的吸附作用，有利于得到纯净的沉淀。为了防止沉淀在热溶液中的溶解损失，应当在沉淀作用完毕后，将溶液放置冷却，然后进行过滤、洗涤。

④ 陈化。沉淀作用完毕后，将沉淀和溶液一起放置一段时间，这样不仅可以使沉淀晶形完整、纯净，而且还可以使微小晶体溶解，大晶体进一步长大。这个过程叫作陈化。产生这种现象的原因是微小结晶比粗大结晶有较多的棱和角，有更大的表面积，因而小颗粒结晶具有较大的溶解度。在同一溶液中，当溶液浓度对溶解度小的大颗粒结晶来说已成为过饱和溶液时，对小颗粒结晶来说还是未饱和溶液，于是，小颗粒结晶逐渐溶解而大颗粒结晶却继续长大。这样继续下去，基本上消除了微小的颗粒，从而得到颗粒粗大、晶形完整、易过滤和易洗涤的纯净沉淀。

加热搅拌可以加速陈化作用的进行，它比室温下放置的时间要缩短很多。

⑤ 均匀沉淀法。在沉淀过程中，尽管沉淀剂是在不断搅拌下加入的，但沉淀剂在溶液中局部过浓的现象仍然难免。为了消除这种现象，可采用均匀沉淀法。所谓均匀沉淀法，就是加入的沉淀剂并不立即与溶液中的被测离子形成沉淀，而是通过一个化学反应过程，生成另一种构晶离子，使沉淀从溶液中缓慢地、均匀地析出。这样就可避免局部过浓现象，从而得到吸附杂质少，易于过滤、洗涤的纯净沉淀。

也可以用水解反应产生沉淀剂的方法来进行均匀沉淀。例如，为了改善草酸盐沉淀的分离效果，减少共存元素的共沉淀，获得颗粒粗大，易于过滤、洗涤的沉淀，可用草酸二乙酯水解后产生 $C_2O_4^{2-}$ 的方法来进行，用草酸甲酯和草酸丙酮作沉淀剂也可以起到均匀沉淀的作用。

（2）无定形沉淀的沉淀条件　无定形沉淀，颗粒微小，结构疏松，体积庞大，含水量多，难以过滤和洗涤，甚至能够形成胶体溶液，无法沉淀出来。因此，应该设法破坏胶体，防止胶体溶液的形成。为了得到结构紧密的沉淀，必须按照以下条件进行。

① 沉淀应在较浓溶液中进行。在较浓溶液中，离子的水合程度小，得到的沉淀含水量少，结构较紧密。然而，在浓溶液中，杂质的浓度较大，吸附杂质的机会也较多。为了避免这一现象，可在沉淀作用完毕之后，立即加入适量的热水（100mL 左右），充分搅拌，使大部分被吸附的杂质转入溶液。

② 沉淀应在热溶液中进行。在热溶液中，离子的水合程度减小，沉淀结构较为紧密，这样可以防止胶体生成，减少对杂质的吸附作用，有利于提高沉淀的纯度。

③ 加入适当的电解质，防止胶体溶液的生成。电解质能中和胶体微粒的电荷，降低水合程度，有利于胶体微粒的凝聚。值得注意的是，加入的电解质不应妨碍下一步的分析操作，最好是可挥发性的盐类如铵盐等，因为在高温灼烧时它们可以挥发除去。

④ 不必陈化。沉淀完毕之后，立即过滤、洗涤。这是由于这类沉淀一经放置，便会失去水分，从而聚集得十分紧密，这对洗去所吸附的杂质十分不利。

上述两种沉淀条件，对典型的晶形沉淀和典型的非晶形沉淀是适合的，但对介于两者之间的沉淀如 AgCl 等，就必须根据沉淀的性质，选择适当的沉淀条件。

2.4 沉淀的纯度

当沉淀从溶液中析出时，不可避免地从溶液中夹带或多或少的其他组分（杂质和母液）。为了获得尽可能纯净的沉淀，首先要了解在沉淀形成过程中杂质混入的原因，从而根据具体情况制订出减少杂质混入的措施。

影响沉淀纯度的主要因素有共沉淀和后沉淀两种。

进行沉淀时，溶液中某些原来不应沉淀的组分同时沉淀下来的现象，叫作共沉淀现象。产生共沉淀现象是由于表面吸附、吸留和生成混晶等因素造成。

① 表面吸附：指在沉淀的表面上吸附了杂质，即沉淀晶体表面构晶离子电荷不平衡，导致沉淀表面吸附相反电荷的杂质的现象。

原因：在沉淀晶格内部，正负离子按照一定的顺序排列，离子都被异电荷离子所饱和，处于静电平衡状态。而在沉淀表面，构晶离子电荷未达到平衡，它们的残余电荷吸引了溶液中带相反电荷的离子。沉淀颗粒越小，表面积越大，吸附溶液里异电荷离子的能力就越强。

这种吸附是有选择性的，遵循吸附规则。

a. 凡是与构晶离子生成微溶或溶解度最小的化合物的离子，优先被吸附。例如：用过量的氯化钡与硫酸钾溶液作用时，生成了硫酸钡。在硫酸钡的表面优先吸附钡离子，使沉淀表面带上了正电荷，再吸附溶液里的异电荷离子氯离子，构成中性双电层。氯化钡过量越多，吸附共沉淀也就越严重，若用硝酸钡代替氯化钡，且过量程度相同，则硝酸钡的吸附共沉淀会更严重，这是因为硝酸钡的溶解度小于氯化钡。

b. 杂质离子的价数愈高，浓度愈大，则愈易被吸附。

c. 沉淀的表面积越大，吸附杂质越多。

d. 与溶液的温度有关。吸附作用是一个放热过程，温度升高，吸附杂质的量减小。

② 包藏或吸留：指杂质包裹在沉淀内部的共沉淀现象。

原因：沉淀速度过快，表面吸附的杂质来不及离开沉淀表面就被随后沉积下来的沉淀所覆盖，包埋在沉淀内部，这种因吸附而留在沉淀内部的共沉淀现象称包藏或吸留。

减少或消除方法是改变沉淀条件：重结晶或陈化。

③ 混晶或固溶体：存在与构晶离子晶体构型相同、离子半径相近、电子层结构相同的杂质离子，沉淀时进入晶格中形成混晶共沉淀。

例如：$BaSO_4$ 与 $PbSO_4$，$AgCl$ 与 $AgBr$ 同型混晶

$BaSO_4$ 中混入 $KMnO_4$（粉红色）异型混晶

减小或消除方法：将杂质事先分离除去；加入络合剂或改变沉淀剂，以消除干扰离子。

3. 稀土草酸盐重量法

草酸盐重量法作为一个经典的方法，长期用于常量稀土总量的测定。该方法是将草酸盐沉淀法得到的沉淀灼烧成氧化物进行称量。该法分离干扰元素干净，准确度高，作为精确分析及标准分析方法被推荐。

能用作稀土沉淀剂的有草酸、二苯基羟乙酸、肉桂酸、苦杏仁酸等。草酸盐重量法因其具有准确度高、沉淀易于过滤等优点而被广泛采用。国家标准分析方法采取草酸盐重量法测定稀土精矿中的稀土总量，该法是将草酸盐沉淀分离得到的沉淀灼烧成氧化物进行称量。通过碱熔处理样品，经过氟化稀土、高氯酸除硅、氨水分离和草酸盐沉淀等步骤，于950℃下高温灼烧至恒重，测定其中氧化钍含量，扣除后即得稀土氧化物总量。

影响草酸盐重量法的因素很多，主要有以下几方面：

（1）稀土草酸盐的溶解度　稀土草酸盐难溶于水，轻稀土草酸盐的溶解度很小，如1L水中可溶解镧、铈、镨、钕、钐的草酸盐约 $0.4 \sim 0.7mg$，而钇、镥的草酸盐溶解度为 $1.0mg$ 和 $3.3mg$。因此，对于重稀土试样，由于它们的草酸盐溶解度较大，采用草酸盐重量法测定的结果会偏低。

（2）草酸根活度对稀土草酸盐沉淀的影响　采用稀土草酸盐沉淀时，稀土含量不宜太低，溶液体积不宜过大，应使溶液保持合适的草酸根活度。考虑同离子效应，应有较大的草酸根活度；用 $H_2C_2O_4$ 沉淀稀土离子 RE^{3+} 时，如果 $H_2C_2O_4$ 过量太多，则与原子序数较高的稀土元素形成可溶性的 $RE(C_2O_4)^+$、$RE(C_2O_4)_2^-$ 或 $RE(C_2O_4)_3^{3-}$ 络离子而使沉淀不完全，导致稀土遭到损失，要避免过大的草酸根活度；但沉淀剂用量过多还可能引起盐效应，使沉淀的溶解度增大，所以考虑盐效应，不能过大的草酸根活度。

（3）温度、搅拌和陈化时间对稀土草酸盐沉淀的影响　适当的升温和陈化有利于晶形沉淀晶体的长大，有利于减少共存元素的共沉淀。稀土与草酸的沉淀反应一般应在 $70 \sim 80℃$ 下进行，在不断搅拌下加入草酸热溶液。沉淀完后应加热煮沸 $1 \sim 2min$，但煮沸时间不宜太久。添加草酸时应防止局部过浓，应慢慢滴加沉淀剂并充分搅拌，否则沉淀容易聚集成块状而包留杂质，且难以洗涤。室温下陈化 $2 \sim 5h$，或放置过夜，再过滤。

（4）介质对稀土草酸盐沉淀的影响　由于条件不同，稀土草酸盐沉淀可成为结晶状或近于凝胶状。

沉淀稀土草酸盐宜在盐酸或硝酸介质中进行，稀土草酸盐在硝酸介质中的溶解度比在盐酸介质中稍高一些，所以最好在盐酸介质中进行沉淀。应该避免在硫酸介质中进行草酸盐沉淀，否则部分稀土会成为硫酸盐沉淀，不利于下一步灼烧成氧化物。

在有机溶剂存在下，稀土草酸盐的溶解度更小。加入乙醇、丙酮可提高沉淀率，缩短陈化时间。加入适量六亚甲基四胺，能增大结晶粒度，且易于过滤。

4. 重量分析法结果的计算

（1）称量形式与被测组分形式一样

$$被测组分 = \frac{称量形式的质量}{试样的质量} \times 100\%$$

（2）称量形式与被测组分形式不一样

$$被测组分 = \frac{称量形式的质量 \times F}{试样的质量} \times 100\%$$

$$换算因数\ F = \frac{a \times 被测组分的摩尔质量}{b \times 称量形式的摩尔质量}$$

式中，a、b 是使分子和分母中所含主体元素原子个数相等而考虑的系数。

重量法准确度高，检测范围宽，但同时需要多步骤分离干扰元素，耗时长。分光光度法、X 射线荧光光谱法和 ICP-AES 法等在测定稀土精矿中稀土总量中的应用越来越多。

氯化稀土与碳酸稀土分析

情境描述

氯化稀土、碳酸稀土是稀土工业中最主要的两种初级产品。目前常采用浓硫酸焙烧工艺和烧碱法工艺生产这两种产品。

采用浓硫酸焙烧工艺，即把稀土精矿与硫酸混合在回转窑中焙烧。经过焙烧的矿用水浸出，则可溶性的稀土硫酸盐就进入水溶液中，称为浸出液。然后往浸出液中加入碳酸氢铵，则稀土呈碳酸盐沉淀下来，过滤后即得碳酸稀土。

烧碱法工艺，简称碱法工艺。一般是将60%的稀土精矿与浓碱液搅匀，在高温下熔融反应，稀土精矿即被分解，稀土变为氢氧化稀土，把碱饼经水洗除去钠盐和多余的碱，然后把水洗过的氢氧化稀土再用盐酸溶解，稀土被溶解为氯化稀土溶液，调酸度除去杂质，过滤后的氯化稀土溶液经浓缩结晶即制得固体的氯化稀土。

目标要求

知识目标

（1）掌握氯化稀土、碳酸稀土中稀土总量的测定原理及操作步骤。

（2）学习氯化稀土、碳酸稀土中氧化铈量的测定原理及操作步骤。

（3）掌握测定结果的数据分析方法。

能力目标

（1）能依据实验技术内容阅读获取资源信息——分析、公式、步骤指令、规范要求等。

（2）熟练氯化稀土、碳酸稀土中稀土总量的操作步骤及注意事项。

（3）熟悉氯化稀土、碳酸稀土中氧化铈量的操作步骤及注意事项。

（4）具有进行分析结果的计算与数据处理的能力。

素养目标

（1）养成规范操作的习惯。

（2）具备"标准化"意识，树立分析检验的质量意识，并熟悉相关规范要求、图表等。

（3）实验过程中相关安全意识的培养。规范穿戴安全防护措施，正确处置实验废弃物。

（4）树立中国稀土标准自信。

【思政案例】

大国工匠——二十年磨一剑

张文斌，男，汉族，中共党员，中国北方稀土（集团）高科技股份有限公司冶炼分公司工人，内蒙古自治区北疆工匠，入选 2024 年大国工匠培育对象。从业以来，张文斌先后获首席技能大师、包钢（集团）公司操作能手、鹿城英才、内蒙古自治区技术能手等称号，带领团队完成了"万吨级轻稀土碳酸盐连续化生产工艺研究及产业化"项目，其成果成为全国职工优秀技术创新成果评选开展七届以来内蒙古首个"一等"职工创新成果，以其显著的环境效益、经济效益、社会效益，填补了碳酸稀土工业化生产过程中连续沉淀的空白。

从 2003 年到 2010 年的小试（小量实验室试制阶段），到 2010 年到 2013 年的中试扩试（验证小试工艺是否成熟合理，研究工业化可行阶段），再到 2013 年到 2016 年的生产线建设投产，获得阶段性成功，张文斌团队不断攻坚克难，创造着一个又一个的奇迹。所提出的项目获全国职工优秀创新交流活动一等成果。万吨级轻稀土碳酸盐连续化生产工艺研究及产业化项目，每年为公司生产轻稀土碳酸盐 40000 吨，直接或间接产生经济效益 5749 万元；"稀土碳酸盐连续化生产节能降碳技术"获得发明专利 2 项，实用新型专利 5 项；在 2023 年工业绿色发展大会上，该项目成为稀土行业、内蒙古自治区唯一入围"原材料工业 20 大低碳技术"的项目。

稀土总量
的测定
——EDTA
容量法

项目描述

本项目描述了单一或混合稀土、碳酸稀土中稀土总量的测定。试样用酸溶解，采用磺基水杨酸掩蔽铁等离子，在 pH＝5.5 条件下，以二甲酚橙为指示剂，用 EDTA 标准溶液滴定稀土。

项目分析

氯化稀土和碳酸稀土是稀土元素的重要化合物，稀土元素在许多领域中都有广泛的应用，如电子、航空航天、新能源等。因此，准确测定这些化合物中的稀土元素含量，对确保产品质量、控制生产成本以及满足市场需求具有重要意义。通过化学分析方法，可以精确测定氯化稀土和碳酸稀土中的稀土元素含量，从而确保产品的性能和质量符合标准，这对提高生产效率、降低生产成本、保证产品质量以及促进稀土资源的可持续利用具有重要意义。通过不断优化和完善这些测定方法，可以进一步提高稀土元素的提取率和纯度，为稀土产业的发展提供技术支持。

EDTA 法是一种简单且快速地测定稀土元素含量的化学分析方法。通过与稀土元素形成稳定的络合物来进行定量分析。在生产过程中准确测定稀土元素的含量对于控制产品质量、优化生产过程以及确保产品符合规格要求至关重要。

项目实现（作业指导书）

1. 目的
规范仪器、设备的正确操作，能按照作业指导书进行分析检测的正确操作。

2. 范围
（1）本作业流程适用于本学习情景中氯化稀土、碳酸稀土中稀土总量的测定。

（2）测定范围：10.0%～80.0%。

3. 职责
（1）实验操作人员负责按照作业指导书要求进行分析检测。

（2）组长、教师负责本作业指导书执行情况的监督。

4. 试剂
（1）抗坏血酸。

（2）高氯酸（$\rho＝1.67g/mL$）。

（3）过氧化氢（30%）。

（4）硝酸（1＋1）。

（5）盐酸（1＋1）。

（6）氨水（1＋1）。

（7）磺基水杨酸（100g/L）。

（8）二甲酚橙（2g/L）。

（9）甲基橙（2g/L）。

（10）对硝基酚（2g/L）。

（11）六亚甲基四胺缓冲溶液（pH＝5.5）：称取200g六亚甲基四胺于500mL烧杯中，加70mL盐酸（1+1），以水稀释至1L，混匀。

（12）乙二胺四乙酸（EDTA）标准滴定溶液（$c \approx 0.02$mol/L）。

5. 试样

直接称取氯化稀土、碳酸稀土样品测定稀土总量。

6. 作业流程

测试项目	稀土总量的测定——EDTA容量法		
班级	检测人员		所在组

6.1 仪器、试剂作业准备

根据项目描述，请查阅资料列出所需主要仪器的清单和试剂清单，见表2-1-1和表2-1-2。

表2-1-1 仪器清单

所需仪器	型号	主要结构	评价方式
			材料提交
			材料提交

表2-1-2 试剂清单

主要试剂	基本性质	加入的目的	评价方式
			材料提交
			材料提交
			材料提交
			材料提交
			材料提交

6.1.1 六亚甲基四胺缓冲溶液（pH＝5.5）配制

缓冲溶液指的是由弱酸及其盐、弱碱及其盐组成的混合溶液，能在一定程度上抵消、减轻外加强酸或强碱对溶液酸碱度的影响，从而保持溶液的pH值相对稳定。缓冲溶液依据共轭酸碱对及其物质的量不同而具有不同的pH值和缓冲容量，常用作缓冲溶液的酸类由弱酸及其共轭酸盐组合。

流程	图示	操作要点	注意事项
六亚甲基四胺缓冲溶液配制		1. 称量 称取 200g 六亚甲基四胺	1. 天平应放于稳定的工作台上，避免震动、阳光照射及气流。天平应处于水平状态
	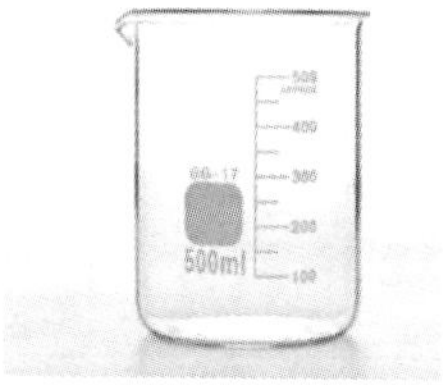	2. 放入 放入 500mL 烧杯中	2. 试样全部放入烧杯
		3. 溶解 加 200mL 水溶解，再加 70mL 盐酸	3. 用玻璃棒搅拌使试样充分溶解
		4. 转移 转移至 1L 容量瓶中	4. 用纯水分 3 次润洗烧杯，润洗液倒入容量瓶
		5. 稀释、混匀 用纯水稀释至 1L，混匀	5. 眼睛平视容量瓶刻度线。塞紧塞子，反复颠倒容量瓶 10 次，直至液体充分混匀

6.1.2 锌标准溶液（1g/L）配制

锌标准溶液是一种分析用的标准溶液，它是由高纯度的锌金属或锌化合物溶解在适当的溶剂中制成的。

通常具有准确的浓度和稳定的性质，可以作为标准物质用于校准分析仪器，验证分析方法的准确性和可靠性。在实际应用中，常用于原子吸收光谱法、电感耦合等离子体质谱法、荧光光谱法、配位滴定等分析技术中。

流程	图示	操作要点	注意事项
锌标准溶液配制		1. 称量 称取 0.2000g 纯锌[w（Zn）≥ 99.99%］于 150mL 烧杯中	1. 天平应放于稳定的工作台上，并处于水平状态
		2. 加溶剂 加 10mL 水、10mL 盐酸	2. 可用量筒量取
		3. 溶样 低温加热至完全溶解	3. 可采用低温恒温水浴锅加热溶解
		4. 转移 冷却后移入 200mL 容量瓶中	4. 用纯水润洗，润洗液倒入容量瓶
		5. 定容 加 5mL 盐酸，以水稀释至刻度，混匀	5. 眼睛平视容量瓶刻度线。塞紧塞子，反复颠倒容量瓶 10 次，直至液体充分混匀

6.1.3 乙二胺四乙酸（EDTA）标准滴定溶液（$c \approx 0.01\text{mol/L}$）配制与标定

EDTA 是一种重要的络合剂。EDTA 用途很广，可用作彩色感光材料冲洗加工的漂白定影液、染色助剂、纤维处理助剂、化妆品添加剂、血液抗凝剂、洗涤剂、稳定剂、合成橡胶聚合引发剂、EDTA 是螯合剂的代表性物质，能和碱金属、稀土元素和过渡金属等形成稳定的水溶性配位化合物。

流程	图示	操作要点	注意事项
EDTA 配制与标定		1. 配制 称取约 7.5g 乙二胺四乙酸于 250mL 烧杯中，加入少量水溶解，将溶液转移至 2L 容量瓶中，用水稀释至刻度，混匀	1. 确保 EDTA 固体完全溶解。在配制过程中，需要保证 EDTA 固体完全溶解于水中。 2. 控制络合反应的速度。在进行络合反应时，需要控制反应速度，确保反应充分进行。 3. 使用酸式滴定管和移液管前应先用标准液润洗。这有助于减少实验误差

		2. 标定
		移取 25.00mL 锌标准溶液于 250mL 锥形瓶中，加 50mL 水、1 滴甲基橙或对硝基酚指示剂。用氨水和盐酸调节溶液刚变为黄色，加 5mL 六亚甲基四胺缓溶液、2 滴二甲酚橙，用 EDTA 标准滴定溶液滴定至溶液由红色（甲基橙调酸度时）或紫红色（对硝基酚调酸度时）刚变为黄色为终点。
		3. 计算
		EDTA 标准滴定溶液的浓度 $c\,(\text{mol/L})$ 计算：
		
		$$c = \frac{\rho V_5}{V_6 M_1}$$
		
		式中 ρ——锌标准溶液的质量浓度，g/L；
		    V_5——分取锌标准溶液的体积，mL；
		    V_6——滴定锌消耗 EDTA 标准滴定溶液的体积，mL；
		    M_1——锌的摩尔质量，g/mol	

6.1.4 滴定管操作

滴定管是滴定分析时用于准确量度液体体积的量器，是一根具有精密刻度、内径均匀的细长玻璃管，可以连续地按需要放出所需体积的液体。根据用途不同滴定管可分为酸式滴定管、碱式滴定管、聚四氟乙烯滴定管（如图 2-1-1 所示）。

滴定分析基本操作练习——滴写管

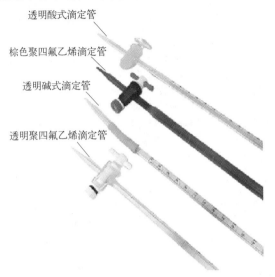

透明酸式滴定管

棕色聚四氟乙烯滴定管

透明碱式滴定管

透明聚四氟乙烯滴定管

图 2-1-1　酸式滴定管、碱式滴定管、聚四氟乙烯滴定管

酸式滴定管的下端为一玻璃活塞，开启活塞，液体即自管内滴出。酸式滴定管可盛装酸性溶液、氧化性溶液及盐类稀溶液。

碱式滴定管的下端连接一橡皮管，橡皮管内嵌有玻璃珠以控制溶液流出，橡皮管下端再接有一尖嘴玻璃管用来盛放碱性溶液和无氧化性溶液。

聚四氟乙烯滴定管属于通用型滴定管，既可以放碱液又可以放酸液。由于材料的进步，聚四氟乙烯滴定管摒弃了酸碱滴定管的设定，通过聚四氟乙烯的阀门，实现了酸碱滴定管的统一。聚四氟乙烯阀门耐受酸碱，同时具有很好的自润滑性，无须涂抹凡士林进行润滑或者密封，从而使滴定管的配置变得简单。

此外，棕色滴定管用来盛放高锰酸钾、硝酸银等见光易分解的溶液。

滴定管试漏

流程	图示	操作要点	注意事项
滴定管操作		1. 试漏 用小烧杯加水至零刻度线以上；将其夹在滴定管架上直立两分钟；用滤纸检查旋塞周围是否有水渗出，滴定管尖端是否有水滴；如不漏水再旋转旋塞180°直立两分钟，再用滤纸检查	1. 使用前酸式滴定管必须先检查活塞转动是否灵活，活塞是否漏水。 2. 碱式滴定管检查胶皮管是否老化，玻璃珠是否合适

流程	图示	操作要点	注意事项
滴定管操作 酸式滴定管润洗 （蒸馏水＋标准液）		2. 洗涤 　自来水→（洗液）→自来水→去离子水。 　用自来水充分洗净并将管外壁擦干净以便观察内壁是否挂水珠；用去离子水洗涤三次，每次用水约 5～10mL；装入水后，应先用两手平端滴定管两端刻度处，慢慢转动，使水流遍全管；再打开活塞放出水以冲洗滴定管出口管；最后关闭旋塞，转动边向管口倾斜，将大部分水从滴定管出口倒出	3. 洗干净的滴定管应完全被水均匀润湿而不挂水珠。 　4. 不能用去污粉，不要用铁丝做的毛刷刷洗
		3. 涂油（涂凡士林） 　将滴定管平放在实验台上，取下旋塞芯，用吸水纸（或滤纸）将旋塞芯和旋塞槽内擦干；分别在旋塞芯的两头表面上均匀地涂一层薄薄的凡士林；将涂好凡士林的旋塞芯插进旋塞槽内，向同一方向旋转旋塞，直到旋塞芯与旋塞槽接触处全部呈透明而没有纹路为止	5. 涂凡士林要适量，过多可能会堵塞旋塞孔，过少则起不到润滑的作用，甚至造成漏水。 　6. 把装好旋塞的滴定管平放在桌面上，让旋塞的小头朝上，然后在小头上套一小橡皮圈，以防旋塞脱落，在涂凡士林过程中要小心，切莫让旋塞芯跌落在地上，造成整支滴定管报废
		4. 润洗 　滴定管在装入待测溶液前应该用待测液润洗三次；每次约 5～10mL；方法与洗涤方法相同	7. 确保待测液不被残存的去离子水稀释
		5. 装液 　左手拿滴定管略微倾斜，右手拿住试剂瓶，让溶液沿滴定管内壁缓缓流下；待液面至"0"刻度线附近时用布擦干外壁	8. 不要注入太快以免产生气泡

流程	图示	操作要点	注意事项
滴定管操作		6. 排气泡 对于酸式滴定管可将其倾斜(用右手拿住滴定管使它倾斜30°),左手迅速打开旋塞,使溶液冲出管口而排出气泡;对于难排出的气泡可打开活塞后抖动滴定管使气泡冲出。 碱式滴定管应将橡皮管向上弯曲45°;用拇指和食指捏住玻璃珠所在位置,向右边挤压胶管玻璃珠移至手心一侧,使溶液从尖嘴喷出气泡随之溢出,继续边挤压放下胶管,气泡便可全部排除	9. 润洗完毕,装入滴定剂至"0"刻度线以上,检查旋塞附近(或橡皮管内)及管端有无气泡;如有气泡,应将其除去。 10. 排出气泡后需补充溶液至零刻度线
	$20℃$ $25mL$	7. 调零 排除气泡后,装入溶液至"0"刻度线以上5mm左右,将滴定管垂直地夹在滴定管架上,放置1min,慢慢打开旋塞使液面慢慢下降,调节液面处于0.00mL处	11. 每次滴定前都应先把液面调到零刻度线(或稍下方处)
		8. 滴定 (1)滴定管的控制 酸式滴定管:左手无名指和小指弯向手心,用其余三指控制旋塞旋转。不要将旋塞向外顶,也不要太向里紧扣,以免使旋塞转动不灵。用左手控制旋塞,拇指在前控制活塞;无名指和小指弯曲在旋塞下方和滴定管之间的直角内;转动旋塞时,手指弯曲,手掌中心要空。 碱式滴定管:左手无名指和中指夹住尖嘴,拇指与食指向侧面挤压玻璃珠所在部位稍上处的乳胶管,使溶液从缝隙处流出。滴定时,以左手握住滴定管,拇指在前,食指在后,用其他指头辅助固定管尖;用拇指和食指捏住玻璃珠所在部位向右边挤压胶管,使玻璃珠移至手心一侧,溶液就可以从玻璃珠旁边的空隙流出。停止滴定时应该先松开拇指和食指,最后再松开无名指和小指。 (2)滴定过程中溶液的混匀方法 滴定过程中应使锥形瓶的瓶底距离底部2~3cm;调节滴定管的高度,使管尖伸入锥形瓶里1~2cm左右。右手摇动锥形瓶,使其向同一方向做圆周运动,边滴边摇,让滴下的溶液混合均匀。	12. 不要让手掌心顶出旋塞而使旋塞松动漏液。 13. 不能使玻璃珠上下移动,更不能捏玻璃珠下部的乳胶管。 14. 不能前后振荡以免溅出溶液。

酸式滴定管赶气泡、调零

碱式滴定管赶气泡、调零

酸式滴定
管滴定速
度的控制
（快速滴
定＋逐滴
滴定）

酸式滴定
管滴定
（半滴
操作）

碱式滴定
管滴定速
度的控制
（快速
滴定）

碱式滴定
管滴定
（半滴
操作）

滴定管
读数

流程	图示	操作要点	注意事项
滴定管操作	 2～3cm 1～2cm	（3）滴定速度 　开始滴定时：滴定剂的加入不会引起溶液颜色的变化，因此滴定速度可略快一些但不可过快，可使溶液逐滴流出而不连成线，酸碱滴定的速度一般为每秒3～4滴（10mL/min），"见滴成线" 　接近终点时：滴落点周围会出现暂时性的颜色变化并立即消失，随着离终点越来越近，颜色消失渐慢，当新出现的颜色在进入锥形瓶1～2圈后完全消失时应滴一滴摇几下。一滴一滴地加入，加一滴摇几下，再加，再摇。 　最后临近终点时：最后还需要半滴操作，是准确控制终点的关键。滴加半滴时，可慢慢控制活塞，使液滴悬挂在管尖而不滴落，将其靠在锥形瓶内壁，并用洗瓶以少量水吹洗锥形瓶内壁溶液靠点处，滴到终点为止。滴定完毕必须等待一分钟，在滴定管内壁附着的水全流下后，方可将其从滴定管架上取下读数。 　用碱式滴定管滴加半滴溶液时，应放开食指与拇指，使悬挂的半滴溶液靠入瓶口内	15. 滴定过程中要注意观察滴定剂落点处溶液颜色的变化。 16. 不能滴成水线。 17. 烧杯中进行滴定，加半滴溶液时，用玻璃棒末端承接悬挂的半滴溶液，放入溶液中搅拌。注意玻璃棒只能接触液滴，不能接触管尖。 18. 每次滴定都需从滴定管的"0"刻度线附近开始，以减少因滴定管的刻度不均匀而引起的系统误差
		9. 读数 　溶液调至"0"刻度线后，需静置1～2min，让附在管壁上的液体完全流下后，方可进行读数；读数时将滴定管从滴定管架上取下，用右手大拇指和食指捏住滴定管上端无刻度处；使滴定管自然悬垂读取弯月面的最低点（读数），使视线与弯月面的最低点相切；滴定管读数时应读到小数点后第二位，即读到0.01mL	19. 滴定结束后，滴定管内剩余的溶液应弃去，不要倒回原瓶，以免沾污整瓶溶液。 20. 随即洗净滴定管，并将其倒扣在滴定管架上

6.2 测定流程

6.2.1 测定步骤

步骤	操作要点	引导问题
1. 氯化稀土的溶解	将 2.00g 试料置于 200mL 的烧杯中,加 20mL 水、10mL 盐酸,盖上表面皿,低温加热溶解完全后,取下冷却至室温。将溶液移入 200mL 容量瓶中,以水稀释至刻度,混匀	1. 定容操作和混匀的注意事项有哪些?注意事项有哪些? _____ _____
2. 滴定	移取试液 20.00mL 于 250mL 锥形瓶中,加 50mL 水、0.2g 抗坏血酸、2mL 磺基水杨酸、1 滴甲基橙或对硝基酚。用氨水和盐酸调节溶液刚变为黄色,加 5mL 六亚甲基四胺缓冲溶液、2 滴二甲酚橙,用 EDTA 标准滴定溶液滴定至溶液由红色(甲基橙调酸度时)或紫红色(对硝基酚调酸度时)刚变为黄色即为终点	2. 滴定操作的要点有哪些?如何判断滴定终点? _____ _____

6.2.2 分析结果的计算与表述

稀土总量以稀土氧化物(REO)的质量分数 w_{REO} 计算:

$$w_{REO} = \frac{M_{REO} c V_0 V_1}{V_2 mx \times 1000} \times 100\%$$

式中 M_{REO} ——试料中所含稀土氧化物的摩尔质量,g/mol;

c ——EDTA 标准滴定溶液的浓度,mol/L;

V_0 ——消耗 EDTA 标准滴定溶液的体积,mL;

V_1 ——试液的总体积,mL;

V_2 ——分取试液的体积,mL;

m ——试料的质量,g;

x ——试料中主体稀土氧化物(RE_xO_y)分子中稀土的原子数目。

6.2.3 数据记录

产品名称		产品编号	
检测项目		检测日期	
平行样项目		I	II
消耗 EDTA 标准滴定溶液的体积/mL			
稀土总量/%			
平均值/%			
精密度			

6.2.4 精密度

6.2.4.1 重复性

在重复性条件下获得的两次独立测试结果的测定值,在以下给出的平均值范围内,这两个测试结果的绝对差值不超过重复性限(r),超过重复性限(r)的情况不超过 5%。重复性限(r)按表 2-1-3 数据采用线性内插法求得。

表 2-1-3　重复性限

试样	稀土总量的质量分数/%	重复性限(r)/%
氢氧化铈	28.40	0.34
硫化铈	81.78	0.60
氟化钆	84.32	0.35
氧化钇	98.50	0.41
铥镱镥富集物	98.69	0.64
氧化铕	98.87	0.45
金属钆	99.52	0.42
氧化镨钕	99.69	0.47

6.2.4.2　允许差

实验室之间分析结果的差值应不大于表 2-1-4 所列允许差。

表 2-1-4　允许差

稀土总量的质量分数/%	允许差/%
25.00～70.00	0.40
>70.00～90.00	0.60
>90.00～99.50	0.80

6.2.5　质量保证与控制

定期用自制的控制标样（如有国家级或行业级标样时，应首先使用）校核一次本标准分析方法的有效性，当过程失控时，应找出原因，纠正错误，重新进行校核。

7. 实施过程问题清单

按照作业流程进行测定结束后，请将主要流程内容及每个流程操作过程中遇到的问题等情况填写在表 2-1-5 中（可以小组讨论形式展开）。

表 2-1-5　实施过程问题清单

序号	主要测定流程	实施情况	遇到的问题	原因分析

项目测定评价表

序号	作业项目	操作要求		自我评价	小组评价	教师评价
1	六亚甲基四胺缓冲溶液 (pH＝5.5)配制	称量 操作	称量操作规范			
			读数、记录正确			
			复原天平			
		溶样 操作	样品充分溶解			
			用纯水分3次润洗烧杯， 润洗液倒入容量瓶			
			稀释至刻度			
2	锌标准溶液(1 g/L)配制	称量 操作	称量操作规范			
			读数、记录正确			
			复原天平			
		溶样 操作	加热溶解			
			移入200mL容量 瓶中，加5mL盐酸			
			用纯水稀释至刻度			
3	乙二胺四乙酸(EDTA)标 准滴定溶液配制与标定	称量 操作	称量操作规范			
			读数、记录正确			
			复原天平			
		标液 配制	转移至容量瓶中， 用水稀释至刻度，混匀			
		标定	移取锌标准 溶液于锥形瓶中			
			用EDTA标准滴定溶液 滴定至溶液由红色或 紫红色刚变为黄色			
			计算			
4	滴定管的操作		试漏			
			洗涤			
			润洗			
			装液			
			排气泡			
			调零			
5	滴定		溶解氯化稀土			
			移取试液于锥形瓶中			
			用EDTA标准滴定溶液滴定			
6	测定结果评价		精密度、准确度			
7	原始数据记录		是否及时记录			
			记录在规定记录纸上情况			
8	测定结束		仪器是否清洗干净			
			关闭电源、填写仪器使用记录			
			废液、废物处理情况			
			台面整理、物品摆放情况			
9	损坏仪器		损坏仪器向下降1档评定等级			

评定等级：优□　良□　合格□　不及格□

【仪器设备】

低温恒温水浴锅（如图 2-1-2 所示）是采用机械制冷的低温液体循环设备，具有提供低温液体、低温水浴的作用。

（1）低温恒温水浴锅的功能

低温恒温水浴锅是微处理技术结合 PID 控制方式而形成的高精度恒温器与压缩机制冷系统结合而成的低温恒温水槽，其内置的制冷和加热系统可满足用户的不同需求。

低温恒温水浴锅采用微电脑控温，控温精度高，在±0.1℃之内，这是一般控温系统无法达到的指标。由于增加了内置循环系统，使箱内的液体温度更趋均匀，性能稳定可靠、操作简便。工作区可采用

图 2-1-2　低温恒温水浴锅

500mL 烧杯，也可根据需要使用更大的容器，或可直接在水浴上测定黏度。

低温恒温水浴锅广泛应用于石油、化工、冶金、医药、生化、物性测试及化学分析等研究部门、高等院校、工厂实验室及计量质检部门，为用户工作提供一个冷热受控、温度均匀的场源。

（2）低温恒温水浴锅的使用

低温恒温水浴锅的使用条件：

① 环境温度：-10～25℃。

② 相对湿度：≤70%。

③ 电源电压：单相 AC 220V±10%；50Hz±2%。

低温恒温水浴锅的使用方法，用前须知：

① 首次使用时，应拿开上盖，加入水或防冻液，加至离顶盖上口 3cm。

② 连接好外部需要冷却的实验设备，并将外部需冷却的实验设备的进水口与低温恒温槽的出水口相连接，然后将外部冷却设备的出水口与低温恒温槽的进水口相连接（连接用的水管，最好采用保温软管）。

③ 如果只用来冷却样品，只要把低温恒温水浴锅出口、进口连接起来即可，上口为循环液出口，下口为循环液进口。

④ 当低温恒温水浴锅的槽内冷却液为可燃物、易爆物时，不可开启加热。

⑤ 控制在 35℃ 以下时，如控温要求不高，只要打开制冷开关，关闭加热开关，把参数降温制冷回差 DN 设定为-0.2℃，靠压缩机启停来控温。如控温要求较高，同时打开制冷、加热开关，把参数降温制冷回差 DN 设定为-10℃，压缩机将连续工作，通过加热补偿来实现温度的精确控制（一般温度波动度＜0.2℃时采用此方法）。

（3）低温恒温水浴锅使用时的注意事项

① 低温恒温水浴锅的电源线必须可靠接地。

② 在打开水浴锅检修前，应彻底断开电源。

③ 在加入液体之前，水浴锅不能进行加热工作，防止加热管烧坏。

④ 在水浴锅使用过程中，避免有杂物进入工作室内，以免堵塞循环泵，无法正常循环，从而导致制冷效果变差或不制冷。

⑤ 当液体容器无循环制冷液体或制冷液体液位过低时，不可启动循环泵。

⑥ 使用时，水浴锅周围应有足够的空间，两侧百叶窗孔不得有障碍物和堵塞。

⑦ 水浴锅设定温度在 40℃ 以上时，不可开制冷压缩机。

⑧ 当槽内液体为可燃性液体时，不可开启加热。

⑨ 低温恒温水浴锅搬运或清洗时，倾斜角度不要超过 45°。

⑩ 低温恒温水浴锅使用完毕后，要放置在通风、干燥、无污染的环境。

【必备知识】

1. 稀土配合物

稀土配合物溶液中稀土离子与一个或多个其他离子或分子以配位键方式合成的化合物。

被誉为"工业维生素"的稀土元素有着独特的配位化学，不同于配位模式受中心原子配位偏好支配的 d 区过渡金属，稀土配合物的结构更加复杂多变。

除 La 外，RE^{3+} 均含有 4f 电子，由于 4f 亚层被 $5s^2 5p^6$ 电子在外层屏蔽着，不易受到周围配体的影响，故不易形成稳定的共价配合物，易与 F、O、N 等原子配位结合，只有与螯合剂配位才能形成较稳定的配合物。稀土配合物在种类和数量上比 d 区过渡金属配合物少得多。

由中心原子（或离子）和配位体（阴离子或分子）以配位键的形式结合而成的复杂离子或分子，通常称为配位单元。含有配位单元的化合物称配合物或配离子。

配位化合物由中心原子（或离子）、配体和外界组成。

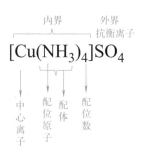

（1）中心离子（中心原子或形成体） 配合物中的金属离子（或原子）又称配合物的形成体。

（2）配体 配体为能提供孤对电子的分子或离子。配体的类型有单齿配体、双齿配体、多齿配体、螯合物。

单齿配体：只有一个配位原子同中心离子结合。如：NH_3、H_2O、F^-。

双齿配体：有两个配位原子同中心离子结合。如：乙二胺（$H_2NCH_2CH_2NH_2$）。

多齿配体：有两个以上配位原子同中心离子结合。如：氨三乙酸（NTA）。

螯合物：含多齿配体的配合物。如：乙二胺四乙酸（EDTA）（如图 2-1-3 和图 2-1-4 所示）。

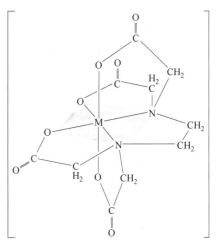

图 2-1-3　乙二胺四乙酸（EDTA）六齿配体　　图 2-1-4　EDTA 与金属离子形成的螯合物

（3）配位原子　配位原子为配体中直接同中心离子（或原子）配合的原子，配位原子必须含有孤对电子或 π 电子。

（4）配位数　配合物中与中心离子（或原子）结合的配位原子的数目。

（5）配位键　配位体中的配位原子向中心离子（或原子）提供一对未参加成键的自由电子对与中心离子共用，从而在配位原子与中心离子之间产生一定的化学结合力。

2. 配位滴定的原理

2.1　配位滴定

配位滴定（络合滴定）是以配位反应为基础的一种滴定分析技术，可直接或间接测定金属离子含量。

其中配位反应是由配位体通过配位键与中心原子（或离子）形成配合物的反应，金属离子提供空轨道，配体提供孤对电子，从而形成配合物。

2.2　配位滴定对配位反应的要求

① 配位反应必须进行完全（生成的配合物要足够稳定）；

② 配位反应必须按一定的化学反应方程式定量进行（配位数固定）；

③ 配位反应必须迅速；

④ 要有适当的方法确定滴定终点。

2.3　滴定剂（配位剂）的选择

无机配位剂因稳定性不高，类型较少，存在逐级配位现象，且各级稳定常数相差不大。

有机配位剂可与金属离子形成稳定性高、组成一定的配合物，其中氨基多羧酸类配合物形成螯环数目多、稳定性大，应用广泛。

综上所述，进行配位滴定时选用有机配位剂作滴定剂（配位剂）。

EDTA 与金属离子形成配合物的特点：

① 存在氨氮和羧氧两种配位原子，其配位能力强，能与大多数金属离子形成配合物；

② EDTA 与大多数金属离子形成 1∶1 型配合物，计算方便；

③ 形成配合物的稳定性高，因 EDTA 与金属离子能形成多个 5 元环的螯合物；

④ 配合物大多数易溶于水；

⑤ 金属离子无色，形成的配合物亦无色；

⑥ 金属离子有色，形成的配合物颜色更深。

综上所述，进行配位滴定时宜选用 EDTA 作滴定剂（配位剂）。

2.4 金属指示剂的选择

金属指示剂通常是一种有机染料，也是一种配位剂，能在一定条件下与某些金属离子反应生成有色配合物，这种配合物的颜色与指示剂游离态的颜色不同，从而可以用来指示滴定终点的到达。

2.4.1 金属指示剂的变色原理

金属指示剂的变色原理，见图 2-1-5。

配位滴定前：金属指示剂本身是一种弱的配位剂，也是一种多元酸碱。

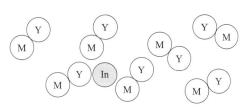

$$M \;+\; In \rightleftharpoons MIn$$
$$\text{（色 1）} \qquad \text{（色 2）}$$

滴定至化学计量点前：用 EDTA 滴定时，游离的金属离子逐步被络合。

图 2-1-5　金属指示剂的变色原理

金属指示剂的变色原理

$$M \;+\; Y \rightleftharpoons MY$$

滴定至化学计量点：用 EDTA 滴定时，MIn 中金属离子逐步被络合。

$$MIn \;+\; Y \rightleftharpoons MY \;+\; In$$
$$\text{（色 2）} \qquad\qquad\qquad\qquad \text{（色 1）}$$

2.4.2 金属指示剂应具备的条件

① 在滴定的 pH 范围内，MIn 与 In 的颜色有显著区别。

② 金属指示剂与金属离子形成有色配合物的反应，必须迅速、灵敏。

③ MIn 应有适当的稳定性（$K_{MIn} < K_{MY}$）。若 MIn 稳定性太高，终点拖后或看不到终点；若 MIn 稳定性太差，导致终点提前。

④ 指示剂与显色配合物 MIn 易溶于水。

⑤ 指示剂应稳定且不易被氧化、变质，便于贮存和使用。

2.4.3 金属指示剂的封闭和僵化

（1）金属指示剂的封闭现象　　金属指示剂的封闭现象是指在滴定到达计量点时，虽然滴入了足量的 EDTA，但也不能从金属离子与指示剂形成的配合物中置换出指示剂，而溶液颜色不变化的现象。通常发生在金属指示剂与金属离子形成的配合物比 EDTA 与金属离子的配合物更稳定（$K_{MIn} > K_{MY}$）时。

产生原因：一是 MIn（金属离子与指示剂的配合物）比 MY（金属离子与 EDTA 的配合物）更稳定，导致过量 EDTA 也无法置换出指示剂；二是 MIn 的颜色变化不可逆，导致无法观察到颜色变化。

解决封闭现象的方法：可以通过加入掩蔽剂来消除金属离子干扰，例如加入三乙醇胺掩蔽 Al^{3+} 和 Fe^{3+}，加入 KCN 掩蔽 Co^{2+} 和 Ni^{2+}。

例如：用 EDTA 滴定 RE^{3+}，pH＝5.8，二甲酚橙为指示剂，Al^{3+}、Fe^{3+}、Ni^{2+}、Th^{4+} 对二甲酚橙有封闭作用，消除方法是什么？

消除方法：可加入乙酰丙酮掩蔽 Al^{3+}、Th^{4+}；加入邻二氮菲掩蔽 Ni^{2+}；加入抗坏血酸掩蔽 Fe^{3+}。

（2）金属指示剂的僵化现象　金属指示剂的僵化现象是指在滴定接近终点时，虽然指示剂应该有敏锐的颜色变化，但由于配合物的颜色变化非常缓慢，色变时间延长，终点拖后。通常发生在指示剂与金属离子形成的配合物溶解度较小，或者配合物的稳定性仅略低于 EDTA 与金属离子的配合物时。

产生原因：指示剂与金属离子形成的配合物溶解度较小，或者配合物的稳定性仅略低于 EDTA 与金属离子的配合物，导致转色反应缓慢。

解决僵化现象的方法：可以通过加热、加入适当的有机溶剂或表面活性剂来增大溶解度或加快转色反应，从而消除僵化现象。例如，用 PAN 作指示剂时，可以加入少量甲醇或乙酸，或将溶液适当加热。

2.4.4　常用的金属指示剂

常用的金属指示剂，见表 2-1-6。

表 2-1-6　常用的金属指示剂

指示剂	适宜的pH范围	颜色变化		直接滴定的离子	配制方法	注意事项
		In	MIn			
铬黑T（EBT）	9～10	蓝	红	Mg^{2+}、Zn^{2+}、Cd^{2+}、Pb^{2+}、Mn^{2+}、稀土元素离子	与 NaCl 混合（1：100）；或配成乙醇溶液；或配成三乙醇胺溶液	Fe^{3+}、Al^{3+}、Ni^{2+} 等能封闭 EBT（加三乙醇胺或 KCN 掩蔽）
二甲酚橙（XO）	＜6	亮黄	红	pH＜1 ZrO^{2+}；pH＝5～6 Ti^{3+}、Zn^{2+}、Pb^{2+}、Cd^{2+}、Hg^{2+}、稀土元素离子	0.5％水溶液	Fe^{3+}、Al^{3+}、Ni^{2+}、Ti^{4+} 等离子封闭 XO
钙指示剂（NN）	12～13	蓝	红	Ca^{2+}	与 NaCl 混合（1：100）	在水溶液或乙醇溶液中不稳定；Ti^{4+}、Fe^{3+}、Al^{3+}、Cu^{2+}、Co^{2+}、Ni^{2+}、Mn^{2+} 等能封闭 NN

3. 提高配位滴定选择性的方法

由于 EDTA 具有较强的配位能力，能与多种金属离子形成配合物，实际分析中测定对象与多种元素共存，互相干扰。所以，实际测定过程中要设法消除共存金属离子的干扰，以便准确地对待测金属离子进行选择滴定、分步滴定，从而提高配位滴定选择性。

提高配位滴定选择性的方法主要包括掩蔽和解蔽作用、调节反应体系的 pH 值（利用酸效应）、加热、加入缓冲溶液、更换指示剂，以及加入掩蔽剂等方法。这些方法旨在通过不同的手段提高配位滴定的选择性，确保在多种金属离子共存的情况下，能够准确测定特定金属离子的浓度。

3.1　掩蔽和解蔽方法

3.1.1　掩蔽方法

掩蔽法包括配位掩蔽法、沉淀掩蔽法和氧化还原掩蔽法。

(1) 配位掩蔽法　该法在配位滴定中应用最为广泛。根据分析的要求，配位滴定所使用的掩蔽剂应具备以下几个条件：

① 干扰离子 N 与掩蔽剂形成的络合物要比与 EDTA 形成的络合物稳定（一定条件下与干扰离子 N 形成较稳定的络合物），而这些络合物在溶液中的颜色应为无色或浅色，不影响终点的判断。

② 掩蔽剂不与被测定离子络合，即使形成络合物，其稳定性也要比被测定离子与 EDTA 所形成的络合物的稳定性小得多，在滴定时能被 EDTA 置换。

③ 掩蔽剂所要求的 pH 值范围应符合测定要求的 pH 值范围。

例如：pH＝5～5.6，以二甲酚橙作指示剂，用 EDTA 滴定微量稀土离子（RE^{3+}），镁和碱土金属不干扰测定，铜、钴、镍、锌、锰、铅、锌、铋、铁（Ⅲ）、铝、铜等离子有干扰，如何消除？

解决方法：用适量的邻菲罗啉掩蔽铜、钴、镍、锌、锰；用二硫基丙醇掩蔽铅、锌、铋；铁（Ⅲ）、铝用盐酸羟胺和磺基水杨酸掩蔽；铜还可用硫脲掩蔽。降低溶液中干扰离子的浓度，达到选择性滴定稀土离子 RE^{3+} 的目的。

(2) 沉淀掩蔽法　利用沉淀剂使干扰离子形成沉淀，在不分离沉淀的情况下直接进行滴定，这种消除干扰的方法称为沉淀掩蔽法。

例如：在用 EDTA 滴定 Ca^{2+} 时，当溶液中有 Mg^{2+} 存在时干扰测定，加入 NaOH 使溶液的 pH＞12，Mg^{2+} 形成 $Mg(OH)_2$ 沉淀，不干扰 Ca^{2+} 的滴定。

沉淀掩蔽法不是一种理想的掩蔽方法，存在下列缺点：

① 有些沉淀反应进行得不完全，掩蔽效率不高；

② 沉淀反应常伴有共沉淀现象，影响滴定的准确性；

③ 能吸附金属指示剂的沉淀和有颜色或体积庞大的沉淀，都会妨碍终点的观察。

(3) 氧化还原掩蔽法　利用氧化还原反应来改变干扰离子的价态，从而消除干扰的方法称为氧化还原掩蔽法。

常用的还原剂有：抗坏血酸、羟胺、联胺（NH_2-NH_2）、硫脲、$Na_2S_2O_3$ 等。

氧化还原掩蔽法，只适用于那些易发生氧化还原反应的金属离子，并且生成的还原性物质或氧化性物质不干扰测定的情况。因此目前只有少数几种离子可用这种掩蔽方法。

例如：微量钪和稀土元素的连续滴定。在 pH＝1.8～2.2 时，用磺基水杨酸掩蔽大量铈组稀土元素和钇，先用 EDTA 滴定钪，然后调节 pH＝5.0～5.5，再滴定稀土。此时，溶液中的 Cu^{2+}、Zr^{4+} 和 Fe^{3+} 将干扰测定。

解决方法：加入硫脲掩蔽 Cu^{2+}；用磺基水杨酸掩蔽 Zr^{4+}；加入抗坏血酸或羟胺将 Fe^{3+} 还原成 Fe^{2+}，由于 Fe^{3+} 与 EDTA 形成的络合物比 Fe^{2+} 与 EDTA 形成的络合物要稳定得多（$\lg K_{稳FeY^-}=25.1$，$\lg K_{稳FeY^{2-}}=14.33$），因而可以消除 Fe^{3+} 的干扰。

3.1.2　解蔽方法

解蔽作用是利用一种试剂，使已被掩蔽剂掩蔽的金属离子释放出来。将已被络合的金属离子或络合剂释放出来的方法称为解蔽或破蔽。

例如：测定稀土—钴合金中的钴、稀土总量。

解决方法：先将试液置于 pH＝5～6 的六次甲基四胺缓冲溶液中，用 EDTA 滴定稀土和钴；然后加入 NH_4F，则 RE^{3+} 与 F^- 生成更稳定的络合物，这时 REY 中的 EDTA

被释放出来，用锌标准溶液返滴定释放出来的 EDTA 可测定稀土总量；从稀土和钴的含量中减去稀土总量，即可求得钴的量。

3.2 控制酸度

当样品中有 M 和 N 时，通过控制相应条件，在滴定 M 时，N 不干扰，待 M 被完全滴定后，然后改变反应条件，再滴定 N。即当溶液中含有两种金属离子 M 和 N 时，如果有 $K_{MY} > K_{NY}$，当用 EDTA 进行滴定时，M 离子首先与之反应；若 K_{MY} 与 K_{NY} 相差到一定程度，就可能准确滴定 M 而不受 N 离子的干扰；若 K_{NY} 也足够大，则 N 离子也有被准确滴定的可能。所以，调节反应体系的 pH 值，通过调整溶液的酸碱度，可以影响金属离子的配位能力，从而改变配位滴定的选择性。

（1）酸效应系数与 pH 的关系　酸效应系数是配位反应中用来定量表示溶液里其他离子（如氢离子）的存在对配位主反应产生影响的程度。在配位反应中，除了金属离子 M 和配位剂 Y 的主反应外，氢离子的存在会降低配位体 Y 参加主反应的能力，即产生酸效应。这种效应的强度与金属离子本身的性质关系不大，而更多地取决于溶液的酸度（即 pH 值）和配位剂的性质。

酸效应系数与配位剂的关系主要体现在配位剂在酸性环境下的稳定性上。随着溶液 pH 值的减小（即氢离子浓度的增加），酸效应系数增大，表示配位剂 Y 的平衡浓度减小，其参加主配位反应的能力降低，副反应严重。反之，当溶液的 pH 值增大时，酸效应系数减小，配位剂 Y 的稳定性增加，有利于主配位反应的进行。

综上所述，酸效应系数主要与溶液的酸度（pH 值）和配位剂的性质有关，而与金属离子的直接关系不大。通过调节溶液的 pH 值，可以控制酸效应系数 $\alpha_{Y(H)}$ 的大小（表 2-1-7），从而影响配位反应的进行。当溶液的酸度增加时，$\alpha_{Y(H)}$ 增大，配位剂 ED-TA 有效浓度降低，从而降低了 EDTA 的配位能力，进而降低了配合物的稳定性。

表 2-1-7　不同 pH 时酸效应系数

pH	$\lg\alpha_{Y(H)}$	pH	$\lg\alpha_{Y(H)}$	pH	$\lg\alpha_{Y(H)}$
0.0	23.64	3.8	8.85	7.0	3.32
0.4	21.32	4.0	8.44	7.5	2.78
0.8	19.08	4.4	7.64	8.0	2.27
1.0	18.01	4.8	6.84	8.5	1.77
1.4	16.02	5.0	6.45	9.0	1.28
1.6	15.11	5.2	6.07	9.5	0.83
1.8	14.27	5.4	5.69	10.0	0.45
2.0	13.51	5.8	4.98	10.6	0.16
2.4	12.19	6.0	4.65	11.0	0.07
2.8	11.09	6.2	4.34	11.6	0.02
3.0	10.60	6.4	4.06	12.0	0.01
3.4	9.70	6.8	3.55	13.0	0.00

注：酸效应系数随溶液 pH 值的增大而减小。

（2）酸效应系数与 lg$K'_{稳MY}$的关系　当溶液的酸度一定时，酸效应系数 $\alpha_{Y(H)}$ 为一常数，lg$K'_{稳MY}$ 也为一常数；酸度越低，酸效应系数 $\alpha_{Y(H)}$ 越小，lg$K'_{稳MY}$ 越大，配合物越稳定；从反应完全的角度看，稳定常数越大，配位反应越完全，滴定突跃越大，分析结果越准确。

例如：当溶液中同时存在 Th^{4+} 和 Pr^{3+} 时，控制 pH＝1.6，以二甲酚橙-次甲基蓝作指示剂，用 EDTA 滴定 Th^{4+}，这时 Pr^{3+} 是否发生干扰？（lg$K_{稳PrY}$＝16.40，lg$K_{稳ThY}$＝23.2）

解：lg$\alpha_{Y(H)}$ ≤lg$K_{稳PrY}$－8＝16.40－8＝8.4，查表 2-1-7 得 pH≈4，即 Pr^{3+} 发生反应时最低 pH≈4，当 pH＞4 时反应才能进行。

lg$\alpha_{Y(H)}$ ≤lg$K_{稳ThY}$－8＝23.2－8＝15.2，查表 2-1-7 得 pH≈1.6，即 Th^{4+} 发生反应时最低 pH≈1.6，当 pH＞1.6 时，反应才能进行。

结论：在 pH＝1.6 时，用 EDTA 滴定 Th^{4+}，Pr^{3+} 与 EDTA 不能形成稳定配合物，Pr^{3+} 不干扰 Th^{4+} 的测定。

3.3　化学分离法

当通过控制酸度分别滴定或掩蔽干扰离子都有困难时，只能进行分离，即将被测的离子与干扰组分分离。分离的方法很多，这里只简要叙述络合滴定中进行分离的一些情况。

例如：磷矿石中一般含有 Al^{3+}、Fe^{3+}、Ca^{2+}、Mg^{2+}、PO_4^{3-} 及 F^- 等，其中 F^- 的干扰最为严重，它能与 Al^{3+} 生成很稳定的配合物，在酸度小时，又能与 Ca^{2+} 生成 CaF_2 沉淀，因此在络合滴定中，必须首先加酸、加热使 F^- 或 HF 挥发除去。此外，在其他一些测定中，还必须进行沉淀分离。

注意：为了避免被滴定离子的损失，不允许先分离大量的干扰离子再测定少量的被测成分。另外，还应尽可能选用同时沉淀多种干扰离子的试剂来进行分离，以简化分离过程。

3.4　其他方法

更换指示剂：根据具体的滴定反应，更换合适的指示剂可以提高滴定的灵敏度和准确性。

加热：可以加快反应速率，有时也能改变反应平衡，从而影响配位滴定的选择性。

加入缓冲溶液：可以维持反应体系的 pH 值稳定，有助于控制反应条件，提高滴定的准确性。

4. 配位滴定的方式

配位滴定的基本方式包括直接滴定法、返滴定法、置换滴定法和间接滴定法。

4.1　直接滴定法

将试样处理成溶液后，调节酸度，再用 EDTA 标准溶液直接滴定被测离子。这种方法适用于直接与 EDTA 配位的金属离子。它具有简便、快捷、引入误差小等优点，是配位滴定中的基本方法。

对滴定反应的要求：满足 lg($c_{M,sp}K'_{MY}$)≥6 的要求，络合反应速度快；有变色敏锐的指示剂指示终点，且不受金属离子的封闭；被测金属离子不发生水解和沉淀反应（必要时先加入辅助络合剂予以防止）。

pH＝1 时，滴定 Zr^{4+}；

pH＝2～3 时，滴定 Fe^{3+}、Bi^{3+}、Th^{4+}、Ti^{4+}、Hg^{2+}；

pH＝5～6 时，滴定 Zn^{2+}、Pb^{2+}、Cd^{2+}、Cu^{2+} 及稀土元素；

pH＝10 时，滴定 Mg^{2+}、Co^{2+}、Ni^{2+}、Zn^{2+}、Cd^{2+}；

pH＝12 时，滴定 Ca^{2+} 等。

4.2 返滴定法

在试液中加入一定量且过量的 EDTA 标准滴定溶液，加热（或不加热）使待测离子与 EDTA 配位完全，然后调节溶液的 pH，加入指示剂，以适当的金属离子标准滴定溶液作为返滴定剂滴定过量的 EDTA。这种方法适用于与 EDTA 反应较慢或不立即反应的金属离子。

应用于下列几种情况：采用直接滴定法时，缺乏符合要求的指示剂，或者被测离子对指示剂有封闭作用；被测离子与 EDTA 的络合速率很慢；被测离子发生水解等副反应，影响测定。

4.3 释放（置换或取代）滴定法

包括置换出金属离子和置换出 EDTA 两种情况。这种方法适用于需要改变反应条件以促进配位反应的情况。

首先在一定酸度下，在被测试液中加入过量的 EDTA 标准溶液，用金属离子滴定过量的 EDTA；然后再加入另一种络合剂，使其与被测定离子生成一种络合物，这种络合物比被测定离子与 EDTA 生成的络合物更稳定，从而把 EDTA 释放（置换）出来；最后再用金属离子标准溶液滴定释放出来的 EDTA，根据金属离子标准溶液的用量和浓度，计算出被测离子的含量。

这种方法适用于多种金属离子存在下，测定其中一种金属离子。利用置换滴定法，不仅能扩大络合滴定的应用范围，而且还可以提高络合滴定的选择性。

例如：稀土、重金属和铁中稀土总量的测定。

方法：首先在被测试液中加入过量的 EDTA 标准溶液，以二甲酚橙作指示剂，用 Zn^{2+} 标准溶液滴定过量 EDTA，测定金属总量（包括稀土、重金属和铁）；然后再加入氟化铵，氟离子便从稀土-EDTA 络合物中置换出 EDTA；最后再用 Zn^{2+} 标准溶液滴定置换出来的 EDTA，根据 Zn^{2+} 标准溶液的用量和浓度，计算出稀土的含量。

4.4 间接滴定法

用于测定某些与 EDTA 生成的配合物不稳定的离子，如钠、钾等阳离子。这种方法通过先将这些离子转化为稳定的配合物，然后再进行滴定。

该方法因操作烦琐，引入误差的机会较多，不常使用。

例如：PO_4^{3-} 的测定。

方法：在一定条件下，可将 PO_4^{3-} 沉淀为 $MgNH_4PO_4$，然后过滤；将沉淀溶解，调节溶液 pH＝10，用铬黑 T 作指示剂，以 EDTA 标准溶液来滴定沉淀中的 Mg^{2+}，由 Mg^{2+} 含量间接计算出磷的含量。

测定项目二　氧化铈量的测定——硫酸亚铁铵容量法

项目描述

采用 GB/T 16484.1—2009《氯化稀土、碳酸轻稀土化学分析方法　第1部分：氧化铈量的测定　硫酸亚铁铵滴定法》。

本方法适用于氯化稀土、碳酸稀土中氧化铈含量的测定。

项目分析

该项目是基于氧化还原反应原理的硫酸亚铁铵容量法测定氧化铈量，在磷酸存在下，三价铈可被高氯酸氧化成四价铈，在适当的硫酸介质中，用硫酸亚铁铵进行还原滴定，方法简单、快速、准确度高。

氧化还原滴定法能用于 Ce^{4+} 的测定，是因为其他稀土元素和其他不变价元素不干扰测定，因此该法具有较好的选择性。

项目实现（作业指导书）

氧化铈量的测定——硫酸亚铁铵容量法

1. 目的
规范仪器、设备的正确操作，能按照作业指导书进行分析检测的正确操作。

2. 范围
（1）本操作流程适用于氯化稀土、碳酸稀土中氧化铈量的测定。

（2）测定范围：$20.0\%\sim40.0\%$。

3. 职责
（1）实验操作人员负责按照作业指导书要求进行分析检测。

（2）组长、教师负责本作业指导书执行情况的监督。

4. 试剂
（1）磷酸（$\rho=1.69g/mL$）。

（2）高氯酸（$\rho=1.67g/mL$）。

（3）盐酸（$1+1$）。

（4）硫酸（$2+98$）。

（5）硫酸-磷酸混合溶液：在不断搅拌下，分别将 15mL 硫酸和 15mL 磷酸缓慢加入 70mL 水中。

（6）尿素溶液（200g/L）。

（7）亚砷酸钠-亚硝酸钠溶液：称取 2g 亚砷酸钠和 1g 亚硝酸钠于 250mL 烧杯中，加 100mL 水溶解，移入 1000mL 容量瓶中，以水稀释至刻度，混匀。

（8）硫酸高铈溶液 $\{c\left[Ce(SO_4)_2\right]\approx0.03mol/L\}$：称取 4.98g 无水硫酸高铈于 250mL 烧杯中，加 300mL 硫酸（4）溶解，移入 500mL 容量瓶中，用硫酸（4）稀释至

刻度，混匀。

（9）重铬酸钾标准滴定溶液 $[c(1/6K_2Cr_2O_7)=0.01mol/L]$：称取 0.4903g 基准重铬酸钾（在 140～150℃下干燥 2h）置于 250mL 烧杯中，移入 1000mL 容量瓶中，用水稀释至刻度，混匀。

（10）硫酸亚铁铵标准滴定溶液 $\{c[(NH_4)_2Fe(SO_4)_2]\approx 0.01\ mol/L\}$。

① 配制：称取 5.5g 硫酸亚铁铵 $[(NH_4)_2 \cdot Fe(SO_4)_2 \cdot 6H_2O]$ 于 500mL 烧杯中，加 150mL 硫酸（4）溶解，移入 1000mL 容量瓶中，以硫酸（4）稀释至刻度，混匀。

② 标定：移取 20.00mL 硫酸亚铁铵标准滴定溶液，置于 250mL 锥形瓶中，加 10mL 硫酸-磷酸混合溶液（5），加水至溶液体积为 100mL，加 4 滴二苯胺磺酸钠指示剂（11），用重铬酸钾标准溶液（9）滴定至蓝紫色不褪为终点。平行滴定四份，所消耗的重铬酸钾标准滴定溶液的体积极差值不大于 0.10mL，取其平均值。

③ 随同标定做空白试验。

④ 按下式计算硫酸亚铁铵标准滴定溶液的实际浓度：

$$c = \frac{(V_1 - V_0)c_1}{V_2}$$

式中　c——硫酸亚铁铵标准滴定溶液的摩尔浓度，mol/L；

c_1——重铬酸钾标准滴定溶液的摩尔浓度，mol/L；

V_0——滴定空白溶液时所消耗的重铬酸钾标准滴定溶液的体积，mL；

V_1——滴定硫酸亚铁铵标准滴定溶液时所消耗重铬酸钾标准滴定溶液的体积，mL；

V_2——移取硫酸亚铁铵标准滴定溶液的体积，mL。

（11）二苯胺磺酸钠指示剂（0.5g/L）。

（12）苯代邻氨基苯甲酸指示剂：称取 0.2g 苯代邻氨基苯甲酸、0.2g 无水碳酸钠，溶于 100mL 水中，混匀。

5. 试样

（1）氯化稀土试样的制备：将试样破碎，迅速置于称量瓶中，立即称量。

（2）碳酸轻稀土试样的制备：试样开封后立即称量。

6. 作业流程

测试项目	氧化铈量的测定——硫酸亚铁铵容量法			
班级		检测人员		所在组	

6.1　仪器、试剂作业准备

根据项目描述，请查阅资料列出所需主要仪器的清单和试剂清单，见表 2-2-1 和表 2-2-2。

表 2-2-1　仪器清单

所需仪器	型号	主要结构	评价方式
分析天平			材料提交
滴定管			材料提交

表 2-2-2　试剂清单

主要试剂	基本性质	加入的目的	评价方式
盐酸			材料提交
磷酸			材料提交
高氯酸			材料提交
硫酸			材料提交
尿素			材料提交
亚砷酸钠-亚硝酸钠溶液			材料提交
硫酸亚铁铵标准溶液			材料提交

本项目检测中，主要使用的仪器有分析天平（见情境一测定项目一）、滴定管（见情境二测定项目一），溶液的配制和标定操作参照情境二测定项目一。

6.2　检测流程

6.2.1　测定步骤

步骤	操作要点	引导问题
1. 称样溶解	迅速称取 4g 试料，精确至 0.0001g。将试料置于 250mL 烧杯中，加 20mL 盐酸，加热煮沸，冷却后，移入 200mL 容量瓶中，以水稀释至刻度，混匀	1. 根据要求如何选择天平？为何需要迅速称取样品？
2. 加热	移取 10.00mL 试液于 250mL 锥形瓶中，加 10mL 磷酸、3mL 高氯酸于电炉上加热，直至高氯酸冒烟，剧烈反应趋于平静后，取下，稍冷，加入 50mL 硫酸，流水冷却至室温	2. 加热过程中的注意事项有哪些？为什么要稍冷？
3. 测定	加 5mL 尿素溶液，滴加亚砷酸钠-亚硝酸钠溶液至高价锰的紫红色消失，再过量 2 滴，加 2 滴苯代邻氨基苯甲酸指示剂，用硫酸亚铁铵标准溶液滴定至溶液呈黄绿色为终点	3. 锰会对测定有影响吗？加亚砷酸钠-亚硝酸钠消除锰干扰的原理是什么？为什么要过量滴加
4. 空白试验	移取 10.00mL 硫酸高铈溶液于 250mL 锥形瓶中，加 10ml 磷酸，40mL 硫酸，然后操作步骤同 3 操作，至终点后，再移取 10.00mL 硫酸高铈溶液于上述锥形瓶中，用相同浓度的硫酸亚铁铵标准溶液滴定至终点。两次滴定体积之差即为空白值	4. 什么是空白试验？做空白试验的原因是什么？过量滴加的原因是什么？

6.2.2　分析结果的计算与表述

氧化铈的质量分数 $w(CeO_2)$ 按下式计算：

$$w(CeO_2) = \frac{cV_0(V_2 - V_3) \times 172.12 \times 10^{-3}}{mV_1} \times 100\%$$

式中　c——硫酸亚铁铵标准滴定溶液的摩尔浓度，mol/L；

　　V_0——试液总体积，mL；

　　V_1——分取试液体积，mL；

　　V_2——滴定时所消耗硫酸亚铁铵标准滴定溶液的体积，mL；

　　V_3——空白试验时所消耗的硫酸亚铁铵标准滴定溶液的体积，mL；

　　m——试料的质量，g；

172.12——氧化铈的相对摩尔质量，g/mol。

6.2.3 数据记录

检测项目		检测日期	
产品名称		产品编号	

平行样项目	I	II
滴定时所消耗硫酸亚铁铵标准滴定溶液的体积(V_2)/mL		
空白试验时所消耗的硫酸亚铁铵标准滴定溶液的体积(V_3)/mL		
氧化铈的质量分数 $w(CeO_2)$/%		
平均值/%		
精密度		

6.2.4 精密度

6.2.4.1 重复性

在重复性条件下获得的两次独立测试结果的测定值，在以下给出的平均值范围内，这两个测试结果的绝对差值不超过重复性限（r），超过重复性限（r）的情况不超过5%。重复性限（r）按表2-2-3数据采用线性内插法求得。

表2-2-3　重复性限

试样名称	氧化铈质量分数/%	重复性限(r)/%
氯化稀土	23.13	0.25
碳酸轻稀土(分离钕后)	28.05	0.29
碳酸轻稀土(分离钕后)	39.79	0.34
碳酸轻稀土	22.46	0.42

6.2.4.2 允许差

实验室之间分析结果的差值应不大于表2-2-4所列允许差。

表2-2-4　允许差

试样名称	氧化铈质量分数/%	允许差/%
氯化稀土	20.00～40.00	0.30
碳酸轻稀土	20.00～40.00	0.50

6.2.5 质量保证与控制

每周用自制的控制标样（如有国家级或行业级标样时，应首先使用）校核一次本部分分析方法的有效性。当过程失控时，应找出原因，纠正错误，重新进行校核。

6.2.6 注意事项

（1）高氯酸冒烟至液面平静即可，若时间过长，容易生成沉淀，使检测结果偏低。

（2）冒烟、取下后稍冷，即刻加硫酸（2+98）提取。若冷却时间较长，一方面不宜提取，另一方面有可能生成沉淀使检测结果偏低。

（3）冒烟时，若液体出现粉红色，表明铈已全部氧化为四价，即可取下。

（4）考虑氯化稀土和碳酸轻稀土试样不均匀，可加大称样量。

7. 实施过程问题清单

按照作业流程进行测定结束后，请将主要流程内容及每个流程操作过程中遇到的问题等情况填写在表 2-2-5 中（可以小组讨论形式展开）。

表 2-2-5　实施过程问题清单

序号	主要测定流程	实施情况	遇到的问题	原因分析

项目测定评价表

序号	作业项目	操作要求		自我评价	小组评价	教师评价
1	硫酸-磷酸混合溶液配制		分别量取 15mL 硫酸和 15mL 磷酸			
			缓慢加入 70mL 水中，并不断搅拌			
2	亚砷酸钠-亚硝酸钠溶液配制		称取 2g 亚砷酸钠和 1g 亚硝酸钠于 250mL 烧杯中			
			加水溶解，移入 1000mL 容量瓶中			
			以水稀释至刻度并混匀			
3	硫酸高铈溶液$\{c[Ce(SO_4)_2]\approx 0.03mol/L\}$配制		称取 4.98g 无水硫酸高铈于 250mL 烧杯中			
			加硫酸溶解并移入 500mL 容量瓶中			
			用硫酸稀释至刻度并混匀			
4	重铬酸钾标准滴定溶液$[c(1/6K_2Cr_2O_7)=0.01mol/L]$配制		称取 0.4903g 基准重铬酸钾置于 250mL 烧杯中			
			加水溶解并移入 1000mL 容量瓶中			
			用水稀释至刻度并混匀			
5	硫酸亚铁铵标准滴定溶液$\{c[(NH_4)_2Fe(SO_4)_2]\approx 0.01mol/L\}$配制与标定	配制	称取 5.5g 硫酸亚铁铵于烧杯中			
			加 150mL 硫酸溶解			
			移入 1000mL 容量瓶中，用硫酸稀释至刻度并混匀			
		标定	移取 20.00mL 标准滴定溶液并稀释至溶液体积为 100mL			
			用重铬酸钾标准溶液滴定至蓝紫色			
			平行滴定四份，取平均值			
			做空白试验			
			计算出实际浓度			

序号	作业项目	操作要求	自我评价	小组评价	教师评价
6	滴定管准备	试漏			
		洗涤			
		润洗			
		装液			
		排气泡			
		调零			
7	测定	迅速称取 4g 试料,加 20mL 盐酸,煮沸,冷却			
		移入 200mL 容量瓶中,以水稀释至刻度,混匀			
		移取 10.00mL 试液于 250mL 锥形瓶中进行加热处理			
		先滴加亚砷酸钠-亚硝酸钠溶液至高价锰的紫红色消失,再用硫酸亚铁铵标准溶液滴定至溶液呈黄绿色			
		做空白试验			
8	测定结果评价	精密度、准确度			
9	原始数据记录	是否及时记录			
		原始记录清晰			
10	测定结束	仪器是否清洗干净			
		关闭电源,填写仪器使用记录			
		废液、废物处理情况			
11	损坏仪器	损坏仪器向下降 1 档评价等级			

评定等级:优□　良□　合格□　不及格□

 【知识补给站】

【必备知识】

1. 氧化还原滴定法

氧化还原滴定法是一种以溶液中氧化剂和还原剂之间的电子转移为基础的滴定分析方法。这种方法不仅广泛应用于无机分析,而且可以用于有机分析,许多具有氧化性或还原性的有机化合物也可以用氧化还原滴定法来测定。氧化还原滴定法主要包括高锰酸钾滴定法、重铬酸钾滴定法、溴酸钾法和碘量法等。

1.1　氧化还原滴定法的原理

氧化还原滴定法利用氧化剂或还原剂作为滴定剂,直接滴定一些具有还原性或氧化性的物质,或者间接滴定一些本身没有氧化还原性,但能与某些氧化剂或还原剂反应的物质。这种方法基于电子转移反应,通过滴定终点时电极电位的突跃来确定反应的终点。

1.2 氧化还原滴定法的基本要求

由于氧化还原反应是基于电子转移的反应，其反应机理复杂，常伴有副反应。氧化还原滴定反应的计量比必须确定，副反应尽可能少，反应必须完全且迅速，以及有合适的方法来确定终点。具体要求如下：

① 反应要进行完全且无副反应。氧化还原反应平衡常数 K^{θ} 须大于 10^6，即 $\Delta \phi > 0.4V$，以确保反应能够完全进行。

② 滴定反应必须按一定的化学反应式定量进行。

③ 反应速度必须足够快，以免影响滴定的准确性。

④ 应用适当方法或指示剂确定化学计量点，如电位法、指示剂法。

1.3 氧化还原滴定曲线

氧化还原滴定曲线是表示滴定过程中电极电位与滴定剂体积（或浓度）之间的关系的曲线。在滴定过程中，随着滴定剂的加入，电极电位会发生变化，这种变化可以通过氧化还原滴定曲线来表示。

在绘制氧化还原滴定曲线时，通常以滴定剂的体积（或浓度）为横坐标，以电极电位为纵坐标作图。曲线上的转折点即滴定终点，该点的电位称为化学计量点电位。在滴定终点前后，电极电位会发生突跃变化，可以利用这一特性来确定滴定终点。

氧化还原滴定曲线在化学分析中具有重要的应用价值，可以用于测定化学反应的平衡常数、反应速率常数等参数，也可以用于滴定分析中确定滴定终点、计算终点误差等。

1.4 氧化还原指示剂

在氧化还原滴定中，除采用电位滴定法确定终点外，还可以根据所使用的标准溶液的不同，选用不同类型的指示剂来确定滴定的终点。氧化还原滴定中常用的指示剂有以下几类：

氧化还原
指示剂作
用原理

① 自身指示剂。在氧化还原滴定过程中，有些标准溶液或被测物质本身有颜色，则测定时无须另加指示剂，它本身的颜色变化起着指示剂的作用，称为自身指示剂。例如，以 $KMnO_4$ 标准溶液滴定 $C_2O_4^{2-}$ 溶液，由于 $KMnO_4$ 本身具有紫红色，而 Mn^{2+} 几乎无色，所以当滴定到化学计量点时，稍微过量的 $KMnO_4$ 就使被测溶液出现粉红色，表示滴定终点已到。实验证明 $KMnO_4$ 的浓度约为 $2 \times 10^{-6} mol/L$ 时，就可以观察到溶液的粉红色。

② 专属指示剂。有些物质本身不具有氧化还原性，但它能与滴定剂或被测组分产生特殊的颜色，从而达到指示滴定终点的目的，这类指示剂称为专属指示剂或显色指示剂。例如，碘量法中常用可溶性淀粉溶液作为指示剂，用于特定反应的终点指示。

③ 氧化还原指示剂。氧化还原指示剂是其本身具有氧化还原性质的复杂有机化合物，它的氧化态和还原态具有不同颜色，在滴定过程中，随着溶液电极电位的变化而发生颜色的变化，从而指示滴定终点。

1.5 滴定剂

常用的滴定试剂中，氧化剂有高锰酸钾（$KMnO_4$）、重铬酸钾（$K_2Cr_2O_7$）等；还原剂有亚铁盐、草酸、维生素 C 等。

1.6 氧化还原滴定法的特点

① 应用范围广泛：能测定许多具有氧化性或还原性的物质。

② 反应较为复杂：常伴有副反应，需要严格控制反应条件。

在实际操作中，常用的氧化还原滴定法包括高锰酸钾法、重铬酸钾法、碘量法等。以高锰酸钾法为例，高锰酸钾是强氧化剂，在酸性条件下具有很强的氧化性，常用于测定铁、过氧化氢等物质的含量。重铬酸钾法中，重铬酸钾在酸性溶液中是一种常用的氧化剂，常用于测定铁矿石中的铁含量。碘量法利用碘和碘离子的氧化还原性质，可测定许多氧化性或还原性物质，如铜、维生素 C 等。

1.7 氧化还原滴定法的关键

① 创造适宜的反应条件，如控制溶液的酸碱度、温度等。

② 选择合适的指示剂，以准确判断滴定终点。

2. 氧化还原平衡

氧化还原平衡是指在一个氧化还原反应体系中，氧化剂得到电子的倾向和还原剂失去电子的倾向相等时的状态。

氧化还原平衡可以用能斯特方程来描述。能斯特方程表明，氧化还原电对的电极电位与溶液中氧化态和还原态物质的浓度、温度以及介质条件等因素有关。

在一定条件下，氧化还原反应达到平衡时，存在着以下关系：

① 各物质的浓度不再发生变化，氧化态和还原态物质的浓度比值保持恒定。

② 平衡体系的电位（即氧化还原电位）为一个固定值。

影响氧化还原平衡的因素如下：

① 浓度。反应物和生成物的浓度变化会影响平衡的移动。

② 酸度。溶液的酸碱度对某些氧化还原反应的方向和程度有显著影响。

③ 生成沉淀。若反应中生成沉淀，可能改变物质的浓度，从而影响平衡。

④ 形成配合物。配合物的形成会影响电对中物质的浓度，进而影响平衡。

总之，氧化还原滴定法是一种重要的化学分析方法，在科研、生产和质量控制等领域发挥着重要作用。

测定项目三　萃取流程中间控制分析（酸碱中和）

项目描述

该项目是基于酸碱中和反应测定工业盐酸浓度和有机皂化当量。

取适当体积的工业盐酸，以甲基红-溴甲酚绿为指示剂，用氢氧化钠标准溶液滴定。

有机相（P507-煤油）经离心除去水分，加过量盐酸标准溶液和有机相中氨水反应，再以氢氧化钠标准溶液滴定剩余的盐酸。

项目分析

在稀土 P507 萃取流程中，工业盐酸浓度与有机皂化当量的测定具有重要的意义。这一过程涉及稀土元素的提取和分离，是稀土工业生产中的一个关键环节。通过测定工业盐酸与有机皂化当量，可以确保萃取过程的效率和纯度，进而影响最终稀土产品的质量和产量。

① 保证萃取效率。工业盐酸用于调节溶液的 pH 值，以确保稀土元素在适宜的 pH 条件下进行萃取。P507 萃取剂在萃取金属离子时，通过阳离子交换法释放出氢离子，使酸度增加，不利于萃取进行。通过皂化处理，P507 萃取过程中与金属离子交换的有铵根离子，使水相 pH 值基本维持不变，从而保证萃取效率。

② 优化工艺参数。通过测定工业盐酸浓度与有机皂化当量，可以优化萃取过程中的工艺参数，如温度、压力、萃取时间等，以达到最佳的萃取效果。这些参数的优化对于提高稀土元素的回收率和纯度至关重要。

③ 降低成本和减少污染。在稀土萃取过程中，通过控制工业盐酸和有机皂化的用量，可以降低生产成本，同时减少因过量使用化学试剂而造成的环境污染。

④ 确保产品质量。通过测定有机皂化当量，可以确保稀土产品的纯度和质量符合标准，这对于满足市场需求和保持产品的国际市场竞争力具有重要意义。

工业盐酸浓度与有机皂化当量的测定在稀土 P507 萃取流程中扮演着至关重要的角色，它不仅关系到稀土元素的回收率和纯度，而且直接影响到生产成本、环境污染控制和产品质量。因此，工业盐酸浓度与有机皂化当量的准确测定是确保稀土工业生产顺利进行的关键步骤。

项目实现（作业指导书）

工业盐酸
浓度的
测定

1. 目的
规范仪器、设备的正确操作，能按照作业指导书进行分析检测的正确操作。

2. 范围
（1）本作业流程适用于本学习情景中工业盐酸浓度和有机皂化当量的测定操作。

（2）测定范围：工业盐酸浓度的测定；有机皂化当量（P507-煤油中氨水的浓度）的测定。

3. 职责
（1）实验操作人员负责按照作业指导书要求进行分析检测。

（2）组长、教师负责本作业指导书执行情况的监督。

4. 试剂
（1）甲基红指示剂（1g/L）：称取甲基红指示剂 0.1g，用乙醇溶解稀释到 100mL。

（2）亚甲基蓝指示剂（1g/L）：称取亚甲基蓝指示剂 0.1g，用乙醇溶解稀释到 100mL。

（3）0.1% 甲基红-溴甲酚绿混合指示剂。

（4）氢氧化钠标准溶液：0.25mol/L，用基准苯二甲酸氢钾标定。

（5）盐酸标准溶液：0.35mol/L。

5. 试样
（1）工业盐酸。

（2）有机相（P507-煤油）。

6. 作业流程

测试项目 1		工业盐酸浓度的测定			
班级		检测人员		所在组	

6.1 仪器、试剂作业准备

根据项目描述，请查阅资料并列出所需主要仪器的清单和试剂清单，见表 2-3-1 和表 2-3-2。

表 2-3-1 仪器清单

所需仪器	型号	主要结构	评价方式
			材料提交
			材料提交

表 2-3-2 试剂清单

主要试剂	基本性质	加入的目的	评价方式
			材料提交
			材料提交
			材料提交
			材料提交
			材料提交

6.2 检测流程

6.2.1 测定步骤

步骤	操作要点	引导问题
1. 移液	准确移取 1mL 盐酸于 300mL 烧杯中，加约 150mL 中性水，3 滴甲基红-溴甲酚绿混合指示剂	1. 双指示剂的作用是什么？
2. 测定	立即以氢氧化钠标准溶液滴定，溶液由暗红色变为绿色即为终点	2. 酸碱中和滴定操作的要点有哪些？

6.2.2 分析结果的计算与表述

盐酸浓度 c 计算：

$$c = \frac{c_1 V_1}{V}$$

式中　c_1——氢氧化钠标准落液的物质的量浓度，mol/L；

　　　V_1——消耗氢氧化钠标准溶液的体积，mL；

　　　V——移取盐酸的体积，mL。

6.2.3 数据记录

检测项目		检测日期	
产品名称		产品编号	

平行样项目	Ⅰ	Ⅱ
消耗氢氧化钠标准溶液的体积/mL		
盐酸浓度/(mol/L)		
平均值/%		
精密度		

6.2.4 注意事项

（1）两种指示剂的比例可视情况作适当增减。

（2）中性水系指去离子水，煮沸 5～10min 后，冷却至室温，用盐酸和氢氧化钠调至中性。

测试项目 2	有机皂化当量的测定				
班级		检测人员		所在组	

6.3 仪器、试剂作业准备

根据项目描述，请查阅资料并列出所需主要仪器的清单和试剂清单，见表 2-3-3 和表 2-3-4。

表 2-3-3 仪器清单

所需仪器	型号	主要结构	评价方式
			材料提交
			材料提交
			材料提交

表 2-3-4 试剂清单

主要试剂	基本性质	加入的目的	评价方式
			材料提交
			材料提交
			材料提交
			材料提交

6.4 检测流程

6.4.1 测定步骤

步骤	操作要点	引导问题
1. 离心分离	取有机相（P507-煤油）于离心管中,在离心机中分离 5min（转速为 500r/min）	1. 离心机分离的目的是什么?
2. 分离	准确移取此有机液 5mL 于 60mL 分液漏斗中,准确加入 15～20mL 盐酸标准溶液,于振荡器上振荡 4min,静置分层后,小心分出水相,并过滤于 300mL 锥形瓶中,有机相用水洗两次,每次加入 10mL 水,振摇 1min,两次洗液均滤于此锥形瓶中,加 8 滴甲基红指示剂及 2 滴亚甲基蓝指示剂	2. 分离操作过程中的注意事项有哪些?
3. 测定	立即以氢氧化钠标准溶液滴定,溶液由紫色变为亮绿色即为终点	3. 酸碱中和滴定操作的要点有哪些?

6.4.2 分析结果的计算与表述

有机皂化当量（moL/L）：

$$N = \frac{c_2 V_2 - c_1 V_1}{V}$$

式中　V——移取 P507-煤油有机相体积，mL；

　　　c_1——NaOH 标准溶液的浓度，moL/L；

　　　V_1——消耗 NaOH 标准溶液的体积，mL；

　　　c_2——HCl 标准溶液的浓度，moL/L；

　　　V_2——加入 HCl 标准溶液的体积，mL。

6.4.3 数据记录

产品名称			产品编号		
检测项目			检测日期		
平行样项目			Ⅰ		Ⅱ
加入 HCl 标准溶液的体积/mL					
消耗 NaOH 标准溶液的体积/mL					
有机皂化当量/(moL/L)					
平均值/%					
精密度					

6.4.4 注意事项

（1）加入盐酸的体积可随其有机皂化度的变化适当增减,一般以消耗 10～15mL 氢氧化钠标准溶液为宜。

（2）有机皂化当量为（0.54±0.0050）moL/L。

7. 实施过程问题清单

按照作业流程进行测定结束后，请将主要流程内容及每个流程操作过程中遇到的问题等情况填写在表 2-3-5 中（可以小组讨论形式展开）。

表 2-3-5　实施过程问题清单

序号	主要测定流程	实施情况	遇到的问题	原因分析

项目测定评价表

序号	作业项目	操作要求	自我评价	小组评价	教师评价
1	滴定管准备	试漏			
		洗涤			
		润洗			
		装液			
		排气泡			
		调零			
2	工业盐酸浓度的测定	移液操作			
		指示剂的加入			
		滴定操作			
		滴定终点颜色判断			
	有机皂化当量的测定	离心分离			
		分液漏斗分离操作			
		指示剂的加入			
		滴定操作			
		滴定终点颜色判断			
3	测定结果评价	精密度、准确度			
4	原始数据记录	是否及时记录			
		记录在规定记录纸上情况			
5	测定结束	仪器是否清洗干净			
		关闭电源、填写仪器使用记录			
		废液、废物处理情况			
		台面整理、物品摆放情况			
6	损坏仪器	损坏仪器向下降 1 档评定等级			

评定等级:优□　　良□　　合格□　　不及格□

【必备知识】

1. 酸碱反应的理论基础

1.1 酸碱质子理论

酸碱质子理论：凡是能给出质子（H^+）的物质是酸；凡是能接受质子（H^+）的物质是碱。

$$HA \rightleftharpoons H^+ + A^-$$

酸　　　质子　　碱

共轭酸碱对：因质子得失而相互转变的这一对酸碱称为共轭酸碱对。

根据酸碱质子理论，酸碱可以是中性分子，也可以是阴、阳离子（如 CO_3^{2-}、NH_4^+）。质子理论有相对性，如 HPO_4^{2-}，在 $H_2PO_4^- \text{-} HPO_4^{2-}$ 共轭酸碱对体系中为碱，而在 $HPO_4^{2-} \text{-} PO_4^{3-}$ 体系中为酸。

酸碱反应的实质：两对共轭酸碱对之间的质子转移反应。酸碱质子理论指出，酸是质子的给予体，而碱是质子的接受体。也就是说在酸碱反应中，酸通过释放质子（即氢离子）与碱通过接受质子进行反应，生成水和相应的盐。

酸碱的强弱取决于物质给出质子或接受质子能力的强弱。给出质子的能力越强，酸性就越强，反之就越弱；接受质子的能力越强，碱性就越强，反之就越弱。

酸碱反应进行的方向是：较强的酸把质子转移给较强的碱，从而生成较弱的酸和较弱的碱。酸碱反应进行的程度取决于两对共轭酸碱对给出和接受质子能力的大小，参加反应的物质的酸性和碱性越强，反应进行越完全。

1.2 缓冲溶液

缓冲溶液是一类能够抵制外界加入少量酸或碱，或稀释的影响，维持溶液的 pH 基本不变的溶液。是由弱酸及其盐、弱碱及其盐组成的混合溶液，一般是由浓度较大的弱酸或弱碱及其共轭碱或共轭酸组成。由于共轭酸碱对的 K_a、K_b 不同，形成的缓冲溶液所能调节和控制的 pH 范围不同。常用缓冲溶液见表 2-3-6。

表 2-3-6　常用缓冲溶液

编号	缓冲溶液名称	pK_a	可控制的 pH 范围
1	邻苯二甲酸氢钾-HCl	$2.95(pK_{a_1})$	2.0～4.0
2	HOAC-NaOAc	4.74	3.8～5.8
3	六亚甲基四胺-HCl	5.15	4.2～6.2
4	$NaH_2PO_4 \text{-} Na_2HPO_4$	$7.20(pK_{a_2})$	6.2～8.2
5	$NH_4Cl \text{-} NH_3$	9.26	8.3～10.3
6	$NaHCO_3 \text{-} Na_2CO_3$	10.25	9.3～11.3
7	$Na_2HPO_4 \text{-} NaOH$	12.32	11.3～12.0

2. 酸碱滴定

酸碱滴定是一种基于酸碱反应的化学定量分析方法，即利用已知浓度的酸或碱溶液

（称为标准溶液）来测定未知的碱或酸（称为待测溶液）的浓度的过程，通过测量标准溶液的用量，依据化学计量关系来计算待测溶液的浓度。

　　酸碱滴定法具有操作简便、快速、准确度较高等优点，广泛应用于化工、医药、环保等领域中对酸碱性物质的定量分析。例如，在测定未知浓度的盐酸溶液时，可以用已知浓度的氢氧化钠标准溶液进行滴定。在滴定过程中，不断搅拌溶液，观察指示剂的颜色变化，当指示剂恰好变色时，停止滴定，根据所消耗的氢氧化钠标准溶液的体积和浓度，计算出盐酸溶液的浓度。总的来说，酸碱滴定是化学分析中一种重要且常用的方法。

2.1 酸碱指示剂

　　（1）作用原理　在酸碱滴定中，关键是要准确判断滴定终点，通常使用酸碱指示剂来指示终点的到达。酸碱指示剂一般为结构复杂的有机弱酸或有机弱碱，其酸式和碱式因结构不同而具有不同的颜色。在滴定过程中，它们参与质子传递反应，当溶液的 pH 值发生变化时，指示剂的结构发生改变，因而引起颜色的改变。例如，甲基橙是有机弱碱，它是双色指示剂，在水溶液中发生如下解离：

黄色(碱式色)　　　　　　　　　　　　红色(酸式色)

　　增大溶液酸度（pH$\leqslant$3.1），甲基橙主要以酸式结构存在，溶液呈红色；酸度较低（pH$\geqslant$4.4）时，甲基橙主要以碱式结构存在，溶液呈黄色。

　　酚酞是有机弱酸，是一种单色指示剂，在水溶液中存在如下平衡：

无色分子(内酯式)　　　　无色　　　　　无色离子　　　　　红色离子

　　上述反应的变化过程是可逆的，溶液中 OH^- 浓度增加时，平衡向右移动，溶液由无色变为红色；当 H^+ 浓度增加时，则溶液由红色变为无色，其结构变化可用简式表示如下：

$$无色分子 \underset{H^+}{\overset{OH^-}{\rightleftharpoons}} 无色离子 \underset{H^+}{\overset{OH^-}{\rightleftharpoons}} 红色离子 \underset{H^+}{\overset{浓\ OH^-}{\rightleftharpoons}} 无色离子$$

　　酸度较高（pH$\leqslant$8.0）时，酚酞主要以酸式结构存在，呈无色；酸度较低（pH$\geqslant$10.0）时，酚酞主要以碱式结构存在，呈红色。但在浓碱溶液中酚酞的结构又转变为无色离子，呈无色状态。

　　由此可见，指示剂的变色原理是基于溶液 pH 值的变化导致指示剂的结构发生变化，从而引起溶液颜色的变化。

　　（2）指示剂变色范围　指示剂发生颜色变化的 pH 范围称为指示剂的变色范围。以 HIn 表示指示剂的酸式体、以 In$^-$ 表示指示剂的碱式体，在溶液中存在以下平衡：

$$HIn \rightleftharpoons H^+ + In^-$$

（酸式色）　　　　　（碱式色）

$$K_{HIn}=\frac{[H^+][In^-]}{[HIn]}$$

K_{HIn} 为指示剂的解离常数。溶液的颜色是由 $[In^-]$ 与 $[HIn]$ 的浓度比值来决定的。对于给定指示剂，一定温度下 K_{HIn} 为一常数，故 $[In^-]/[HIn]$ 随溶液中 H^+ 的变化而变化。由于人的眼睛对各种颜色的敏感程度不同而且能力有限，只有当酸式体与碱式体两种型体的浓度相差 10 倍以上时，人的眼睛才能辨别出其中浓度大的型体的颜色，而浓度小的另一型体的颜色则辨别不出来。

当两型体的浓度差别不是很大（一般在 10 倍以内）时，则人眼观察到的是这两种型体颜色的混合色。当 $[In^-]/[HIn]\leqslant1/10$，$pH\leqslant K_{HIn}-1$ 时，呈现的主要是酸式色；当 $[In^-]/[HIn]\geqslant10$，$pH\geqslant pK_a+1$ 时，呈现的主要是碱式色；当 $10>[In^-]/[HIn]>1/10$，pH 在 $K_{HIn}\pm1$ 之间时，颜色是酸式体 HIn 和碱式体 In^- 两种型体的混合色。

常见酸碱指示剂及其配制方法见表 2-3-7。

表 2-3-7　常见酸碱指示剂及其配制方法

指示剂	变色范围(pH)	颜色		配制方法
		酸式色	碱式色	
甲基橙	3.1～4.4	红	黄	0.1g 甲基橙溶于 100mL 热水中
溴酚蓝	3.1～4.6	黄	紫	0.1g 溴酚蓝溶于 20mL 乙醇中,加水至 100mL
溴甲酚绿	3.8～5.4	黄	蓝绿	0.1g 溴甲酚绿溶于 20mL 乙醇中,加水至 100mL
甲基红	4.4～6.2	红	黄	0.1g 甲基红溶于 60mL 乙醇中,加水至 100mL
溴百里酚蓝	6.0～7.6	黄	蓝	0.1g 溴百里酚蓝溶于 20mL 乙醇中,加水至 100mL
酚酞	8.0～10.0	无	红	0.2g 酚酞溶于 90mL 乙醇中,加水至 100mL
百里酚蓝	8.0～9.6	黄	蓝	0.1g 百里酚蓝溶于 20mL 乙醇中,加水至 100mL
百里酚酞	9.4～10.6	无	蓝	0.1g 百里酚酞溶于 90mL 乙醇中,加水至 100mL

因为单一指示剂的变色范围一般都比较宽，有的在变色过程中还出现难以辨别的过渡色。在某些酸碱滴定中，为了达到一定的准确度，需要将滴定终点限制在较窄小的 pH 范围内（例如对弱酸或弱碱的滴定），可采用混合指示剂。混合指示剂主要是利用颜色之间的互补作用，使酸碱滴定终点时颜色变化敏锐。

混合指示剂由人工配制而成，常见的有两种。一种是由两种或两种以上指示剂混合而成；另一种是在某种指示剂中加入一种惰性染料。常用的酸碱混合指示剂见表 2-3-8。

表 2-3-8　常用的酸碱混合指示剂

指示剂溶液的组成	变色时 pH	颜色		备注
		酸式色	碱式色	
1 份 0.1%甲基黄乙醇溶液,1 份 0.1%亚甲基蓝乙醇溶液	3.25	蓝紫	绿	pH＝3.2 蓝紫色;pH＝3.4 绿色

指示剂溶液的组成	变色时 pH	颜色		备注
		酸式色	碱式色	
1 份 0.1%甲基橙水溶液,1 份 0.25%靛蓝二磺酸水溶液	4.1	紫	黄绿	
3 份 0.2%甲基红乙醇溶液,2 份 0.2%亚甲基蓝乙醇溶液	5.4	红紫	绿	pH=5.2 红紫;pH=5.4 暗蓝;pH=5.6 绿色
3 份 0.1%溴甲基酚绿乙醇溶液,1 份 0.2%甲基红乙醇溶液	5.1	酒红	绿	pH=5.1 灰色
1 份 0.1%溴甲酚绿钠盐水溶液,1 份 0.1%氯酚钠盐水溶液	6.1	黄绿	蓝紫	pH=5.4 蓝绿;pH=5.8 蓝色;pH=6.0 蓝带紫;pH=6.2 蓝紫色
1 份 0.1%甲酚红钠盐水溶液,3 份 0.1%百里酚蓝钠盐水溶液	8.3	黄	紫	pH=8.2 玫瑰红;pH=8.4 清晰的紫色
1 份 0.1%百里酚蓝 50%乙醇溶液,3 份 0.1%酚酞 50%乙醇溶液	9.0	黄	紫	黄—绿—紫
1 份 0.1%酚酞乙醇溶液,1 份 0.1%百里酚酞乙醇溶液	9.9	无	紫	pH=9.6 玫瑰红;pH=10 紫红
2 份 0.1%百里酚酞乙醇溶液,1 份 0.1%茜素黄乙醇溶液	10.2	黄	紫	

指示剂的变色范围也会受到指示剂用量、温度、溶剂、滴定程序以及中性电解等因素的影响。

① 指示剂用量。用量过大,终点变化不敏锐,其本身也会消耗一些标准溶液,从而引起滴定误差;用量过小,颜色太浅,不易观察。

② 温度。影响酸碱指示剂的变色范围。

③ 溶剂。溶剂的种类和性质会影响指示剂的变色范围。

④ 滴定程序。由于深色较浅色明显,所以当溶液由浅色变为深色时,肉眼容易辨认出来。例如,以甲基橙为指示剂,用碱滴定酸时,终点颜色的变化是由橙红变黄,它就不及用酸滴定碱时终点颜色的变化由黄变橙红来得明显。用甲基橙作指示剂时,滴定的次序通常是用酸滴定碱。同样地,用碱滴定酸时,一般采用酚酞作指示剂,因为终点由无色变为红色比较敏锐。

2.2 酸碱滴定基本原理

(1) 酸碱滴定曲线　酸碱滴定曲线即描述酸碱滴定时溶液 pH 值变化的曲线。通常是以滴定剂的体积为横坐标,以溶液的 pH 值为纵坐标绘制的关系曲线。酸碱滴定曲线的形状和特征取决于滴定反应的类型和滴定剂的性质,一般分为以下几种:

① 强酸强碱滴定曲线。强酸强碱滴定是指滴定过程中使用强酸和强碱作为滴定剂。滴定曲线呈现出 S 形状。初始时,溶液的 pH 值较低,随着滴定剂的加入,pH 值迅速上升,到达滴定终点后,pH 值稳定在高值。

② 弱酸强碱滴定曲线。弱酸强碱滴定是指滴定过程中使用弱酸和强碱作为滴定剂。滴定曲线呈现出与强酸强碱滴定曲线相似的形状,但是 pH 值的变化幅度较小,因为弱酸的酸解离常数较小。

③ 强酸弱碱滴定曲线。强酸弱碱滴定是指滴定过程中使用强酸和弱碱作为滴定剂。

滴定曲线呈现出与强酸强碱滴定曲线相反的形状，初始时，溶液的 pH 值较高，随着滴定剂的加入，pH 值迅速下降，到达滴定终点后，pH 值稳定在低值。

酸碱滴定曲线的主要作用可以体现在以下几方面：

① 确定滴定终点：滴定曲线可以帮助确定滴定的终点，即等当点。通过观察曲线在等当点附近的变化，可以判断是否可以使用指示剂来确定终点，从而选择合适的指示剂，以及确定滴定的终点（等当点）时，消耗的滴定剂的体积。

② 计算酸碱物质的浓度：已知滴定终点体积的情况下，通过滴定反应的化学计量关系以及滴定试剂与待测溶液的化学方程式来计算酸碱物质的浓度。

③ 判断滴定突跃大小：滴定突跃的存在为选择指示剂提供了依据。计量点前后 ±0.1% 范围内，溶液 pH 的急剧变化即滴定突跃，用来指示滴定终点的到达。滴定突跃的范围和大小受到滴定剂浓度和被滴定物质的解离常数的影响，浓度越大，解离常数越大，突跃范围就越宽，这对于选择合适的指示剂和确保滴定的准确性至关重要。

（2）酸碱指示剂的选择原则

① 变色范围。酸碱指示剂的选择原则是变色范围要灵敏，即指示剂变色的 pH 区间与滴定过程中溶液 pH 突变区间的交集要窄。指示剂的变色 pH 范围部分或全部落在滴定突跃范围内。

② 颜色变化。指示剂的颜色变化是否明显，以便于观察；颜色由浅变深。

③ 根据待测溶液的酸碱性选择合适的指示剂。例如，强酸或强碱环境可能需要使用特定的指示剂。

例如：按图 2-3-1 选取指示剂。

a. 若选酚酞作指示剂，则溶液颜色由无色变为粉红色。酚酞变色的 pH 区间与滴定过程中溶液 pH 突变区间的交集为 8.2～9.5，区间长度为 1.3。酚酞可看作是碱性指示剂。

b. 若选石蕊作指示剂，则溶液颜色由红色变为紫色。石蕊变色的 pH 区间与滴定过程中溶液 pH 突变区间的交集为 5～8，区间长度为 3。

c. 若选甲基橙作指示剂，则溶液颜色由红色变为橙色。甲基橙变色的 pH 区间与滴定过程中溶液 pH 突变区间的交集为 4.1～4.4，区间长度为 0.3。甲基橙可看作是酸性指示剂。

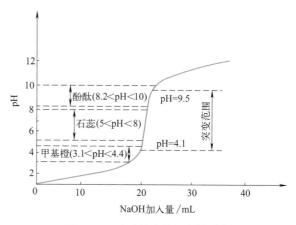

图 2-3-1　酸碱滴定指示剂的选择

选择酸碱指示剂时，关键在于确保指示剂的变色范围能够覆盖或至少部分重叠滴定过程中 pH 值的变化范围，从而确保能够准确、清晰地指示滴定的终点。

稀土金属及其氧化物中元素的测定

稀土金属，又称稀土元素或稀有金属，是元素周期表中ⅢB族钪（Sc）、钇（Y）以及镧系（La至Lu）共17种元素的总称，常用符号RE表示。这一系列元素因其独特的物理和化学性质，在高科技领域展现出非凡的应用潜力。

稀土金属与有色金属结合形成的化合物半导体、电子光学材料、特殊合金、新型功能材料及有机金属化合物等，均依赖于稀土金属的独特性能。尽管这些材料在各类应用中所需稀土金属的量不大，但其作用却至关重要，是不可或缺的关键元素。因此，稀土金属在当代通信技术、电子计算机、宇航开发、医药卫生、感光材料、光电材料、能源材料和催化剂材料等领域得到了广泛应用。

稀土氧化物则是指元素周期表中原子序数为57～71的镧系元素（La至Lu，除Pm外，因Pm为放射性元素，通常不计入）的氧化物，以及与镧系元素化学性质相似的钪（Sc）和钇（Y）元素的氧化物，常用符号REO表示。这些氧化物因其独特的化学和物理性质，在多个工业领域都发挥着重要作用。

稀土氧化物在石油、化工、冶金、纺织、陶瓷、玻璃以及永磁材料等行业中得到了广泛应用。随着科技的进步和应用技术的不断突破，稀土氧化物的应用领域还在不断扩展，其价值也在不断提升。

稀土金属及其氧化物中元素的测定不仅是科技进步、产品质量保障、资源可持续利用、环境保护以及国际贸易与合作的关键环节，也是推动稀土产业持续发展的重要基础。

 目标要求

知识目标

（1）掌握稀土金属及其氧化物中非稀土杂质——硅量的测定原理及操作步骤。

（2）掌握镨钕金属及其氧化物中稀土配分的测定原理及操作步骤。

（3）掌握测定结果的数据分析方法。

能力目标

（1）能依据实验技术内容阅读获取资源信息——分析、公式、步骤指令、规范要求等。

（2）能正确使用分光光度计进行测定。

（3）能正确使用ICP进行测定。

（4）具有进行分析结果的计算与数据处理的能力。

素养目标

（1）具有严谨、精益求精的实验态度。

（2）具备"标准化"意识，树立分析检验的质量意识，并熟悉相关规范要求及图表等。

（3）实验过程中相关安全意识的培养。规范穿戴安全防护措施，正确处置实验废弃物。

（4）树立中国稀土标准自信。

神秘的"信箱"——包头稀土梦发源的地方

1953 年，国家决定利用白云鄂博的矿资源，在包头建设一个大型钢铁集团，定名为"五四"钢铁公司，就是今天让包头人引以为傲的包钢。1956 年，白云鄂博铁矿建成。之后到 1961 年期间，包钢试验厂（即后来的包钢稀土二厂）、选矿厂（即后来的包钢稀土一厂）、8861 试验厂（即后来的包钢稀土三厂），相继建立。至此，包头的稀土工业开始兴起。然而，没有人能够想到，包头稀土工业的发源地，是一个所谓的"信箱"，几代人的稀土梦也是从这个神秘的"信箱"里开始的。

1959 年，"二〇五号信箱"终于有了真正的厂房，名为包钢第二选矿厂，后改名"704"，就是后来的包钢稀土一厂。在老一代稀土人的心里，都会记得那个如今听起来十分神秘的"704"。在那里，他们经历了稀土发展最艰苦也是最火热的日子。

亲历过那段岁月的杨田铸老人回忆，因为当时处在经济困难时期，704 厂其实只建了一个车间，下设三个工段。一工段，利用电炉以高炉渣和硅铁提炼硅铁稀土合金；二工段，利用硅铁稀土合金，以湿法提取稀土氧化物和氯化物；三工段，利用稀土化合物通过电解炼出稀土金属。当时由于资金问题，设备未配齐，无法正规试产，工人们只能因陋就简，小规模土法生产。

1959 年 12 月，第一炉稀土硅铁合金，以及后来的稀土金属就是在这样简陋的生产条件下诞生的，标志着我国稀土工业的开端。由此包头成为全国稀土工业的发祥地。

测定项目一 稀土金属及其氧化物中非稀土杂质化学分析方法——硅量的测定

项目描述

本项目描述了稀土氧化物中全硅含量、稀土金属及其氧化物中酸溶硅含量的测定方法。测定稀土氧化物中全硅含量时，试料用无水碳酸钠-硼酸混合溶剂熔融，稀硝酸浸出；测定稀土金属及其氧化物中酸溶硅含量时，试料用稀硝酸溶解。在 $0.12\sim0.25$ mol/L 的酸性介质中，硅与钼酸铵生成硅钼杂多酸，用草-硫混酸分解磷、砷杂多酸，用抗坏血酸还原硅钼杂多酸为蓝色低价络合物，于分光光度计波长 830nm 处测量其吸光度。

项目分析

在稀土金属及其氧化物的产品标准中，硅元素是一个重要的检测指标。作为一种常见的杂质元素，硅的含量能够显著影响稀土材料的物理化学特性和实际应用表现。

硅含量作为一项关键的材料性能参数，对材料的力学、热学和耐蚀性能等多个方面都有深远的影响。这些性能指标直接关系到稀土材料在众多领域的发展，包括航空航天、电子、能源等领域。因此，确立准确的硅含量检测方法和标准显得尤为重要。

稀土金属及其氧化物中硅量的准确测定对确保这些稀土材料的质量和性能具有决定性的作用。通过精确测定硅含量，可以保证稀土产品满足特定的质量标准，满足不同工业应用的需求，同时促进工艺优化和环境保护，支持可持续发展，并确保在国际贸易中满足质量要求，避免贸易争端，帮助企业遵守相关法规，降低法律风险。

项目实现（作业指导书）

稀土金属及其氧化物中非稀土杂质化学分析方法——硅量的测定

1. 目的
规范仪器、设备的正确使用，能按照作业指导书进行正确操作。

2. 范围
（1）本操作流程采用钼蓝分光光度法，适用于稀土氧化物中全硅含量和稀土金属及其氧化物中酸溶硅含量的测定。

（2）测定范围（质量分数）：$0.0010\%\sim0.20\%$。

3. 职责
（1）实验操作人员负责按照作业指导书要求进行分析检测。

（2）组长、教师负责本作业指导书执行情况的监督。

4. 试剂
除非另有说明，在分析中仅使用确认为优级纯及以上的试剂和蒸馏水或去离子水或相当纯度的水，液体试剂均保存于塑料瓶中。

（1）过氧化氢（30%）。

（2）硝酸溶液（1+2）。

（3）硫酸溶液（1+5）。

（4）氨水（1+3），MOS级。

（5）抗坏血酸溶液（50g/L），用时配制。

（6）草-硫混酸溶液：1.0g草酸溶于100mL硫酸溶液（3）中。

（7）钼酸铵溶液（50g/L）。

（8）对硝基酚溶液（1g/L）。

（9）混合熔剂：称取2g无水碳酸钠加1g硼酸，研匀。

（10）二氧化硅标准贮存溶液：称取0.1000g二氧化硅（$w>99.9\%$，120℃下烘干2h），置于铂坩埚中，加入5g无水碳酸钠，于950～1000℃下熔融至红色透明。稍冷后用热水浸出，冷却。移入1000mL容量瓶中，用水稀释至刻度，混匀。此溶液1mL含$100\mu g$二氧化硅。

（11）二氧化硅标准溶液：移取5.00mL二氧化硅标准贮存溶液（10）于100mL容量瓶中，用水稀释至刻度，混匀。此溶液1mL含$5\mu g$二氧化硅。

5. 仪器设备

本项目使用的主要仪器设备为可见分光光度计。

在仪器最佳工作条件下，凡达到下列指标者均可使用：

① 波长830nm处光谱带宽不大于10nm，波长测量精确至±2nm。

② 精密度：用标准曲线最高浓度溶液测量10次吸光度，相对标准偏差不大于0.3%。

6. 试样前处理

（1）稀土氧化物样品于105℃下烘1h后，置于干燥器中，冷却至室温。

（2）稀土金属样品须去掉表面氧化层。取样后，立即称量。

7. 作业流程

测试项目	稀土金属及其氧化物中非稀土杂质——硅量的测定			
班级		检测人员		所在组	

7.1 仪器作业准备

本项目检测中，主要使用的仪器包括可见光分光光度计、分析天平、容量瓶、移液管等。根据项目描述，请查阅资料并列出所需主要仪器的操作清单，见表3-1-1。

表3-1-1 仪器清单

所需仪器	型号	主要结构	评价方式
分光光度计			材料提交
分析天平			材料提交
容量瓶			材料提交
移液管			材料提交

7.1.1 可见分光光度计的操作

可见分光光度计是用于测量物质在特定波长下对光的吸收强度的仪器，还用于质量控制，在稀土生产过程中对产品的质量控制非常重要。使用可见分光光度计可以快速准确地检测产品中某些关键成分的含量是否符合标准要求，这有助于保证产品的质量和安全性。

正确使用可见分光光度计对于确保实验数据的准确性和可靠性至关重要。掌握该仪器的操作方法，确保其维护得当，可以有效避免因操作失误或仪器状态不佳导致的测量误差。合理地使用分光光度计、正确地进行光谱测量是实验获得准确结果的有力保障。

流程	图示	操作要点	注意事项
可见分光光度计的操作		1. 预热仪器 将选择开关置于"T"，打开电源开关，使仪器预热 30min	1. 为了防止光电管疲劳，不要连续光照，预热仪器时和不测定时应将试样室盖打开，使光路切断
		2. 选定波长 根据实验要求，转动波长手轮，调至所需要的单色波长	2. 严格按照仪器的操作规程进行波长的设定，避免因操作不当导致测量误差
	 	3. 固定灵敏度挡 在能使空白溶液很好地调到"100%"的情况下，尽可能采用灵敏度较低的挡，使用时，首先调到"1"挡，灵敏度不够时再逐渐升高。但换挡改变灵敏度后，须重新校正"0%"和"100%"。 4. 调节 T=0% 轻轻旋动"0%"旋钮，使数字显示为"00.0"。 5. 调节 T=100% 将盛蒸馏水（或空白溶液，或纯溶剂）的比色皿放入比色皿座架中的第一格内，并对准光路，把试样室盖子轻轻盖上，调节透过率"100%"旋钮，使数字显示正好为"100.0"	3. 选好的灵敏度，实验过程中不要再变动。 4. 调节时试样室是打开的。 5. 取拿比色皿时，手指只能捏住比色皿的毛玻璃面，而不能碰比色皿的光学表面。比色皿不能用碱溶液或氧化性强的洗涤液洗涤，也不能用毛刷清洗。比色皿外壁附着的水或溶液应用擦镜纸或细而软的吸水纸吸干，不要擦拭，以免损伤它的光学表面。 6. 正确放置比色皿，确保光束垂直通过比色皿的中心，避免光路偏移
		6. 吸光度的测定 将选择开关置于"A"，盖上试样室盖子，将空白溶液置于光路中，调节吸光度调节旋钮，使数字显示为"0.000"。将盛有待测溶液的比色皿放入比色皿座架中的其他格内，盖上试样室盖，轻轻拉动试样架拉手，使待测溶液进入光路，此时数字显示值即为该待测溶液的吸光度值。读数后，打开试样室盖，切断光路。重复上述测定操作 1～2 次，读取相应的吸光度值，取平均值	7. 测定过程中，要盖上试样室盖
		7. 关机 实验完毕，切断电源，将比色皿取出洗净，并将比色皿座架用软纸擦净	8. 每次做完实验时，应立即洗净比色皿

7.1.2　可见分光光度计的日常维护

① 为确保仪器稳定工作，在电源波动较大的地方，建议使用 500W 以上的交流稳压电源。当仪器停止工作时，应关闭仪器电源开关，再切断总电源。

② 使用环境保持清洁，长时间存放时应放在恒温干燥的室内为佳。

③ 清洁仪器外壳宜用温水和软布轻擦表面，切忌使用乙醇、乙醚、丙酮等有机溶

液。仪器上所有的镜面不能用手或软硬物体去接触，一旦留下痕迹，会造成镜面污染，引起杂散光增大，降低有效能量，以至造成人为损坏仪器。

④ 每次使用仪器后应对样品室、比色皿架进行清洁，防止样品试剂对仪器零件的腐蚀。

⑤ 仪器不能长久搁置不用，这样反而降低寿命。若一段时间不用，建议每周开机1～2次，每次约30min。

⑥ 应按计量使用规定，定期对仪器的波长进行检测，以确保仪器的使用和测定精度。仪器搬运时应小心轻放，仪器外壳上不可放置重物。

⑦ 仪器中除光源室外，任何光路部分的螺钉和螺母，都不得擅自拆动，以防止光路偏差影响仪器正常工作。如怀疑光路问题请及时与生产厂家的售后服务联系。

7.2 测定流程
7.2.1 测定步骤

步骤	操作要点	引导问题
1. 称样	称取稀土氧化物样品，精确至0.0001g。 表3-1-2　稀土氧化物称样量、定容体积及分取体积 _见下表1_ 称取稀土金属样品，精确至0.0001g。 表3-1-3　稀土金属称样量、定容体积、稀释倍数及分取体积 _见下表2_	1. 测定二氧化硅的质量分数为什么与所称取试样量之间有关系？ _____ _____ _____
2. 平行试验	进行2次平行试验	2. 为什么进行2次平行试验？ _____ _____
3. 空白试验	随同试料做空白试验，制得空白试液，所用试剂应取自同一试剂瓶	3. 什么是空白试液？ _____ _____
4. 试料的溶解	(1)测定酸溶硅含量试料的溶解：当试料稀土氧化物样品为氧化铈时，将试料置于100mL聚四氟乙烯烧杯中，加入10mL硝酸溶液(1+2)及5mL过氧化氢(30%)，于室温下放置5min，低温(90～99℃)加热至溶解完全并蒸至溶液呈黄色，不再有小气泡出现，加入5mL硝酸溶液，冷却。按表3-1-2移入相应容量瓶中，用水稀释至刻度，混匀	4. 为什么选用聚四氟乙烯烧杯进行溶样操作？ _____ _____

表3-1-2　稀土氧化物称样量、定容体积及分取体积

二氧化硅的质量分数/%	试料量/g	定容体积/mL	分取试液体积/mL
0.0010～0.0050	1.00	50	10.00
>0.0050～0.020	0.50	100	10.00
>0.020～0.10	0.20	100	10.00
>0.10～0.20	0.20	200	5.00

表3-1-3　稀土金属称样量、定容体积、稀释倍数及分取体积

二氧化硅的质量分数/%	试料量/g	定容体积/mL	稀释倍数	分取试液体积/mL
0.0010～0.0050	2.00	100	—	10.00
>0.0050～0.020	2.00	200	—	10.00
>0.020～0.10	2.00	100	10	10.00
>0.10～0.20	2.00	200	10	5.00

步骤		操作要点	引导问题
4. 试料的溶解	(1)测定酸溶硅含量试料的溶解	当试料稀土金属样品为稀土金属或除氧化铈外的稀土氧化物时,将试料置于100mL聚四氟乙烯烧杯中,加入10mL硝酸溶液(1+2),低温(90~99℃)加热至溶解完全,冷却。稀土氧化物试料按表3-1-2、稀土金属试料按表3-1-3分别移入相应容量瓶中,用水稀释至刻度,混匀	5. 为什么采用低温(90~99℃)加热?
	(2)测定全硅含量试料的溶解	当试料稀土氧化物样品为氧化铈时,将试料置于盛有3.00g混合熔剂的铂坩埚中,搅匀,以1.00g混合熔剂覆盖,盖上铂盖,于950~1000℃熔融15min后(中间取出摇动一次),取出冷却,将铂坩埚及铂盖置于聚四氟乙烯烧杯中,加10mL水、20mL硝酸溶液、3~5滴过氧化氢(30%),低温(90~99℃)加热浸取,洗净铂坩埚,取出。加1~2mL过氧化氢助溶,低温(90~99℃)至溶解完全并蒸至溶液呈黄色,不再有小气泡出现,加入5mL硝酸溶液,按表3-1-2移入相应容量瓶中,用水稀释至刻度,混匀	6. 为什么选用铂坩埚进行熔样操作?
		当试料稀土金属样品为稀土金属或除氧化铈外的稀土氧化物时,将试料置于盛有3.00g混合熔剂的铂坩埚中,搅匀,以1.00g混合熔剂覆盖,盖上铂盖,于950~1000℃熔融15 min后(中间取出摇动一次),取出冷却,将铂坩埚及铂盖置于聚四氟乙烯烧杯中,加10mL水、20mL硝酸溶液(1+2),低温(90~99℃)加热浸取,洗净坩埚,取出,低温(90~99℃加热至溶解完全,冷却。稀土氧化物试料按表3-1-2、稀土金属试料按表3-1-3分别移入相应容量瓶中,用水稀释至刻度,混匀	
5. 显色与测定		显色液:根据试料中二氧化硅含量范围,经试料的溶解制取的稀土氧化物试料按表3-1-2、经试料的溶解制取的稀土金属试料按表3-1-3对应稀释并分取试液于25mL比色管中,加入1滴对硝基酚溶液(1g/L),用氨水(1+3)调溶液至黄色,加入0.4mL硫酸溶液(1+5),混匀。加入2.5mL钼酸铵溶液(50g/L),混匀,在不低于20℃的室温下放置15min。加入5mL草-硫混酸溶液,混匀,加入0.5mL抗坏血酸溶液(50g/L),用水稀释至刻度,混匀,放置15min	7. 加入对硝基酚溶液、氨水、硫酸溶液、钼酸铵溶液、草-硫混酸溶液、抗坏血酸溶液的作用各是什么?
		移取上述制取的部分显色液于3cm比色皿中,以水为参比,于分光光度计波长830nm处测量其吸光度。从显色液的吸光度中减去随同试料空白试液的吸光度(如果试料溶液有颜色,还需减去与被测溶液同等浓度的有颜色稀土试料溶液的吸光度),获得净吸光度,再以净吸光度从工作曲线上查出相应的二氧化硅含量	8. 什么是吸光度?什么是净吸光度?
6. 工作曲线的绘制与测定		依次移取0mL、0.40mL、0.80mL、1.20mL、2.00mL、3.00mL、4.00mL二氧化硅标准溶液,置于一组25 mL比色管中,用水稀释至10mL,加入1滴对硝基酚溶液(1g/L),用氨水(1+3)调溶液至黄色,加入0.4mL硫酸溶液(1+5),混匀。加入2.5mL钼酸铵溶液(50g/L),混匀,在不低于20℃的室温下放置15min。加入5mL草-硫混酸溶液,混匀,加入0.5mL抗坏血酸溶液(50g/L),用水稀释至刻度,混匀,放置15min	9. 分光光度法标准曲线绘制过程中的影响因素有哪些?
		分别移取上述制取的部分溶液于3cm比色皿中,以水为参比,于分光光度计波长830nm处测量其吸光度,并减去空白试液的吸光度。以二氧化硅含量为横坐标,吸光度为纵坐标绘制工作曲线	

7.2.2 分析结果的计算与表述

硅的含量以质量分数 w 计，按下面公式计算：

$$w = \frac{km_1 Vn \times 10^{-6}}{mV_1} \times 100\%$$

式中　w——硅的质量分数；

　　　k——换算系数，当计算二氧化硅的质量分数时 $k=1$，当计算硅的质量分数时 $k=0.4675$；

　　　m_1——自工作曲线上查得的二氧化硅质量，μg；

　　　V——试料溶液总体积，mL；

　　　n——试料溶液的稀释倍数；

　　　m——试料的质量，g；

　　　V_1——分取试料溶液体积，mL。

计算结果保留 2 位有效数字。数值修约按照 GB/T 8170 的规定执行。

7.2.3 数据记录

产品名称		产品编号		
检测项目		检测日期		
平行样项目			Ⅰ	Ⅱ
试样的质量/g				
工作曲线上查得的二氧化硅质量/μg				
分取试料溶液体积/mL				
试料溶液总体积/mL				
试料溶液的稀释倍数				
硅的质量分数/%				
硅质量分数的平均值/%				
精密度				

7.2.4 精密度

7.2.4.1 重复性

在重复性条件下获得的两次独立测试结果的绝对差值不大于重复性限（r），以大于重复性限的情况不超过 5% 为前提，重复性限按表 3-1-4 数据采用线性内插法或外延法求得。

表 3-1-4　重复性限

二氧化硅的质量分数/%	重复性限（r）/%	二氧化硅的质量分数/%	重复性限（r）/%
0.0018	0.0004	0.10	0.01
0.013	0.003	0.20	0.02

7.2.4.2 再现性

在再现性条件下获得的两次独立测试结果的绝对差值不大于再现性限（R），以大于再现性限的情况不超过 5% 为前提，再现性限按表 3-1-5 数据采用线性内插法或外延法求得。

表 3-1-5 再现性限

二氧化硅的质量分数/%	再现性限(R)/%	二氧化硅的质量分数/%	再现性限(R)/%
0.0018	0.0005	0.10	0.02
0.013	0.004	0.20	0.03

7.2.5 注意事项

全硅含量：稀土氧化物中硅元素含量。

注：以二氧化硅质量分数计。

酸溶硅含量：稀土金属及氧化物中可溶解于酸溶液中的硅元素含量。

注：稀土金属以硅质量分数计；稀土氧化物以二氧化硅质量分数计。

8. 实施过程问题清单

按照作业流程进行测定结束后，请将主要流程内容及每个流程操作过程中遇到的问题等情况填写在表 3-1-6 中（可以小组讨论形式展开）。

表 3-1-6 实施过程问题清单

序号	主要测定流程	实施情况	遇到的问题	原因分析

项目测定评价表

序号	作业项目	操作要求		自我评价	小组评价	教师评价
1	称取试料	检查天平水平				
		清扫天平				
		接通电源、预热				
		清零/去皮				
		称量操作规范				
		读数、记录正确				
		复原天平				
2	空白试验	空白试液配制				
3	试样的溶解	测定酸溶硅含量试样的溶解	溶解			
			试液的转移			
		测定全硅含量试样的溶解	溶解			
			试液的转移			

序号	作业项目	操作要求			自我评价	小组评价	教师评价
4	显色及测定	显色液的配制					
		比色皿的使用					
		分光光度计的使用	预热仪器				
			选定波长				
			调节 $T=0\%$				
			调节 $T=100\%$				
			吸光度的测定				
			关机				
		试液吸光度处于工作曲线范围内					
5	工作曲线的绘制与测定	测量波长的选择					
		工作曲线线性	正确配制标准系列溶液(7个点)				
			标准系列溶液的吸光度				
			1挡 $R \geqslant 0.999995$				
			2挡 $0.999995 > R \geqslant 0.99999$				
			3挡 $0.99999 > R \geqslant 0.99995$				
			4挡 $0.99995 > R \geqslant 0.9999$				
			5挡 $0.9999 > R \geqslant 0.9995$				
			6挡 R(相关系数)< 0.9995				
6	测定结果评价	精密度					
7	原始数据记录	是否及时记录					
		记录在规定记录纸上情况					
8	测定结束	仪器是否清洗干净					
		关闭电源,填写仪器使用记录					
		废液、废物处理情况					
		台面整理、物品摆放情况					
9	损坏仪器	损坏仪器向下降1档评定等级					

评定等级: 优□　　良□　　合格□　不及格□

【知识补给站】

【仪器设备】

1. 紫外-可见分光光度计结构

紫外-可见分光光度计的型号很多,但基本结构相似,主要由光源、单色器、吸收池、检测器和信号显示系统五部分组成。紫外-可见分光光度计组成见图 3-1-1。

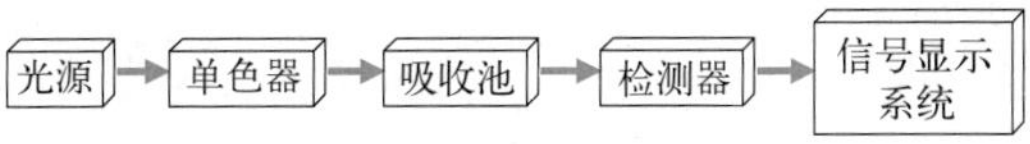

光源 → 单色器 → 吸收池 → 检测器 → 信号显示系统

图 3-1-1　紫外-可见分光光度计结构

1.1 光源

光源用于提供强度大、稳定性好的入射光。为了保证光源发光强度稳定，需采用稳压电源供电，也可用12V直流电源供电。

常用的光源有热辐射光源和气体放电光源两类。热辐射光源如钨丝灯和卤钨灯用于可见光区，而气体放电光源如氢灯和氙灯用于紫外光区。

1.2 单色器

单色器将连续光谱分解成单色光，并能够准确发射目标所需要的单一波长的光，是整个仪器的关键部件。单色器由狭缝、色散元件和透镜系统组成，核心部分为色散元件。

（1）狭缝　狭缝用于调节光的强度，让所需要的单色光通过，在一定范围内对单色光的纯度起着调节作用，对单色器的分辨率起重要作用。狭缝宽度过宽，入射光的单色性降低，干扰增大，准确度降低；但狭缝宽度过窄，光强变弱，测量的灵敏度降低。因此，必须选择适宜的狭缝宽度，以得到强度大、纯度高的单色光，提高测量的灵敏度和准确度。

（2）色散元件　色散元件是棱镜或光栅或两者的组合，能将光源发出的复合光色散为单色光。

棱镜单色器是利用棱镜对不同波长光的折射率不同，而将复合光色散为单色光的元件。常用的棱镜有玻璃棱镜和石英棱镜。可见分光光度计可用玻璃棱镜，但玻璃对紫外光有吸收，故不适用于紫外光区。紫外-可见分光光度计采用的是石英棱镜，适用于紫外和可见光区。

光栅单色器的色散作用是以光的衍射和干涉现象为基础的，分辨率比棱镜单色器高，可用的波长范围也较棱镜单色器宽，故目前生产的紫外-可见分光光度计大多采用光栅作为色散元件。

（3）透镜系统　透镜系统主要用于控制光的方向。

1.3 吸收池

吸收池又称样品池或比色皿，用于盛装待测液并决定待测溶液透光液层厚度的器皿。吸收池一般为长方体，有玻璃和石英两种材料的。玻璃吸收池用于可见光区的测定，在紫外光区的测定必须使用石英吸收池。吸收池的规格有0.5cm、1.0cm、2.0cm、3.0cm等，应合理选用。

使用吸收池时必须注意以下几点：

① 吸收池有毛面和光学面。只能用手拿毛面，不可拿光学面，以保证光学面良好的透光性。

② 装入溶液的体积至吸收池高度的2/3～3/4。

③ 只能用擦镜纸或丝绸擦拭光学面。

④ 凡含有腐蚀玻璃物质（如F^-、$SnCl_2$、H_3PO_4等）的溶液，不宜在吸收池中长时间盛放。

⑤ 使用后要立即用大量的水冲洗干净。有色污染物可用3mol/L盐酸和等体积乙醇的混合溶液浸泡、洗涤。

⑥ 只能晾干，不能加热。

1.4 检测器

检测器用于接收透过吸收池溶液的光（透射光），并将光信号转变为电信号输出，其输出电信号的大小与透射光的强度成正比。常用的检测器有光电管及光电倍增管等。光电倍增管的灵敏度比一般光电管高 200 倍，是目前紫外-可见分光光度计广泛使用的检测器。

1.5 信号显示系统

信号显示系统能将由检测器产生的电信号，经放大等处理后，用一定方式显示出来，以便记录和计算。信号显示器有多种，包括如直读检流计、电位调节指零装置以及数字显示或自动记录装置等，用于显示和处理测量结果。

2. 紫外-可见分光光度计类型

分光光度计按光路可分为单光束分光光度计和双光束分光光度计两类；按测量时提供的波长数可分为单波长分光光度计和双波长分光光度计两类。

2.1 单光束分光光度计

单光束分光光度计（图 3-1-2）从光源发出的光，经单色器分光后只得到一束光，进入吸收池，最后照射在检测器上。常用的单光束可见分光光度计有 721 型、722 型等；单光束可见-紫外分光光度计有 751G 型、752 型、754 型和 756MC 型等型号，这些型号均为单波长（只有一个单色器）单光束（仅有一束入射光）分光光度计。

单光束分光光度计的特点是：结构简单、价格低，主要适用于定量分析。因其不能进行吸收光谱的自动扫描，操作较烦琐。测定中要先用参比溶液调节透射比（透射光强度 I_t 与入射光强度 I_0 之比，表示溶液透过光的程度）$T = 100\%$，再测定样品溶液。测定结果的准确度受光源强度波动的影响较大。

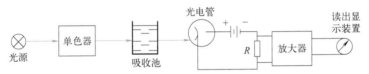

图 3-1-2 单光束分光光度计光路结构

2.2 双光束分光光度计

双光束分光光度计的结构如图 3-1-3 所示，从光源（氘灯作为紫外光源，钨灯作为可见光源）发出的光经单色器后被旋转扇面镜（切光器）分成两束强度相等的单色光，分别同时通过参比溶液和样品溶液。再经扇面镜将两束光交替地照射到同一个检测器上，在光电倍增管上产生交变脉冲信号，经比较、放大后，由显示器显示出透射比 T、吸光度 A（溶液对光的吸收程度）、浓度或进行波长扫描记录吸收光谱。

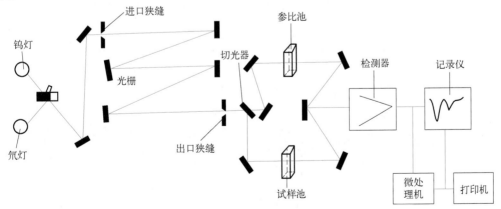

图 3-1-3 双光束分光光度计光路结构

双光束分光光度计的特点是：操作简便，实现了快速自动吸收光谱扫描。两束强度相等的单色光分别同时通过参比溶液和样品溶液，避免了因电源电压不稳使光源发光强度不稳而产生的测量误差，但其不能消除试液的背景干扰。

2.3 双波长（双单色器）分光光度计

双波长分光光度计与单波长分光光度计的主要区别在于采用了双单色器，可以同时得到两束波长不同的单色光，光路结构如图 3-1-4 所示。光源发出的光被分成两束，分别经两个可以自由转动的单色器，得到两束具有不同波长 λ_1 和 λ_2 的单色光。切光器使两束光以一定的时间间隔交替照射到装有试液的吸收池，由检测器显示出试液对波长 λ_1 和 λ_2 吸光度差值 ΔA。

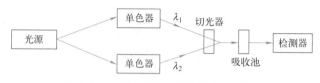

图 3-1-4 双波长分光光度计光路结构

双波长分光光度计的特点是：不需要参比溶液，只用一个待测溶液，可以消除背景吸收干扰、待测溶液和参比溶液组成的不同及吸收液池厚度差异等的影响，提高测量结果的准确度，适用于混合样品、混浊样品或无合适参比溶液时的定量分析。但它的缺点也很明显就是价格比较昂贵。

【必备知识】

1. 光吸收定律

1.1 吸光度与透射比

当一束平行单色光照射到液层厚度为 b 的均匀、非散射的有色溶液时，有一部分光被吸收，透射光的强度就减弱。假设入射光的强度为 I_0，透射光的强度为 I_t，I_t 与 I_0 之比称为透射率，也称透射比，用 T 表示，即

$$T = \frac{I_t}{I_0} \tag{3-1-1}$$

溶液的 T 越小，表明它对光的吸收越强，当入射光全部被吸收时，$I_t = 0$；反之 T 越大，表明它对光的吸收越弱，当入射光不被吸收时 $I_t = I_0$，则 $T = 100\%$。因此，$0 \leqslant T \leqslant 100\%$

为了更明确地表明溶液的吸光强弱与表达物理量的相应关系，常用吸光度（A）表示物质对光的吸收程度，即

$$A = \lg \frac{I_0}{I_t} \tag{3-1-2}$$

溶液吸收光强度越大，透射光强度越小，则吸光度 A 就越大。当入射光全部被吸收时，$I_t = 0$ 则 $A = \infty$；当入射光全部不被吸收时，$I_t = I_0$，则 $A = 0$。因此，$0 \leqslant A \leqslant \infty$。

由此可得吸光度与透射比之间的关系为

$$A = \lg \frac{I_0}{I_t} = -\lg T \tag{3-1-3}$$

1.2 朗伯-比尔定律

当一束平行单色光垂直照射到均匀、透明的稀溶液时，溶液的吸光度 A 与溶液浓度 c 和液层厚度 b 的乘积成正比，称为朗伯-比尔定律，奠定了分光光度法的理论基础。其数学表达式为

$$A = \lg \frac{I_0}{I_t} = Kbc \tag{3-1-4}$$

式（3-1-4）中 K 为吸光系数，与入射光的波长、物质的性质和溶液的温度等因素有关。其物理意义是：浓度为 $1g/L$，液层厚度为 $1cm$ 时，在一定波长下测得的吸光度。

2. 可见分光光度法的应用

可见分光光度法是通过测量有色物质对单色光的吸光度而进行定量分析的方法。通过测定溶液对一定入射光的吸收程度，依据朗伯-比尔定律，即可求出溶液中未知物的浓度或含量。

2.1 显色反应

（1）显色反应概述　可见光分光光度法是利用测量有色物质对某一单色光吸收程度来进行测定的，而许多物质本身无色或颜色很浅，无法直接进行测定，就需要事先通过适当的化学处理，使该物质转变为能对可见光产生较强吸收的有色化合物，然后再进行测定。将待测组分转变为有色化合物的反应称为显色反应；与待测组分形成有色化合物的试剂称为显色剂。因此选择合适的显色反应，并严格控制反应条件是很重要的实验技术。

（2）显色反应的影响因素　显色反应主要有配位反应和氧化还原反应两种，其中配位反应最常见。选择显色反应时，应考虑的因素如下：

① 显色反应灵敏度高，即显色产物对紫外-可见光有较强的吸收能力，摩尔吸光系数 $(\varepsilon) \geqslant 10^4 L/(mol \cdot cm)$；

② 选择性高，即一种显色剂只与一种被测组分反应，或显色剂与共存组分生成的化合物的吸收峰与被测组分的吸收峰相距较远，干扰少；

③ 生成物稳定且组成恒定；

④ 显色条件易于控制；

⑤ 显色剂在测定波长处无明显吸收，显色剂与显色产物的颜色差异要大，两种有色物最大吸收波长之差要求 $\Delta\lambda_{max} > 60nm$。

（3）显色剂　显色剂在分光光度法中的作用是与待测物质反应生成可见光吸收的有色产物。常用的显色剂分为无机显色剂和有机显色剂两大类。

① 无机显色剂。能与金属离子发生反应，但由于灵敏度和选择性都不高，具有实际价值的品种很有限。

② 有机显色剂。能与金属离子形成的配合物其稳定性、灵敏度和选择性都比较高，而且有机显色剂的种类较多，实际应用广。

例如：硅与某些试剂可以形成有色的络合物——硅钼蓝或硅钨酸盐。选择合适的显色剂是确保测定准确性的关键。

（4）显色反应条件的选择　显色反应条件的选择是可见分光光度法中重要的一步，主要与显色剂本身的性质有关，还与显色反应的条件有关。主要包括显色剂用量、反应体系的酸度、显色时间与温度，以及溶剂的选择。

① 显色剂用量。显色剂用量对吸光度 A 有直接影响，选择时应考虑吸光度 A 与显色

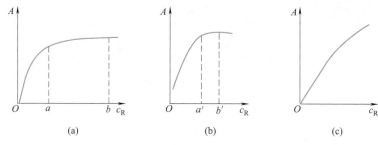

图 3-1-5　吸光度与显色剂浓度的关系曲线

剂用量 c_R 的关系，通常选择曲线变化平坦处，以确保测量的准确性（见图 3-1-5）。

② 反应体系的酸度。在进行显色反应时，酸度（pH 值）对络合物的形成和稳定性有很大影响。为了优化反应条件，可采取在相同的实验条件下，测定不同 pH 值条件下显色溶液的吸光度，制作 A-pH 关系曲线，选择吸光度较大且变化恒定的平坦区域所对应的 pH 值范围，作为显色反应的最佳 pH 值条件。

在测定过程中，确保所有样品和标准溶液的 pH 值保持在最佳范围内，以减少系统误差并提高测定的准确性。

③ 显色时间。显色反应需要一定的时间来达到平衡。通过实验确定所需的反应时间，并在测定时给予足够的时间。

④ 显色温度。温度对显色反应的速率和平衡状态有影响。在可能的情况下，保持反应和测定过程中的温度恒定。

⑤ 溶剂选择。在可能的情况下，应尽量采用水相测定，以简化实验操作和提高测量的准确性。

⑥ 干扰的消除。例如，在硅含量测定中，可能存在其他元素或化合物的干扰。通过加入掩蔽剂、选择合适的波长或使用适当的分离技术来消除这些干扰。

这些条件的优化有助于提高可见分光光度法测量的准确性和可靠性，确保实验结果的准确性和可重复性。通过仔细选择和调整这些条件，可以显著提高分析测定的质量和效率。

2.2　测量条件的选择

（1）入射光波长的选择　入射光波长应根据吸收曲线，选择溶液最大吸收波长为宜。此 λ 处 ε 最大，灵敏度较高，且在此波长处有一较小范围内，吸光度变化不大，不会造成对光吸收的偏离，使得测定准确度也较高。

以硅钼蓝络合物为例，该物质通常在 820nm 左右的波长处有最大吸收。因此，在进行与硅钼蓝络合物相关的光谱分析时，我们选择 820nm 作为入射光的波长，如图 3-1-6 所示。

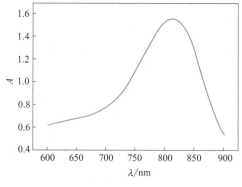

图 3-1-6　硅钼蓝吸收曲线

（2）吸光度 A 范围的选择　根据朗伯-比尔定律，吸光度与溶液浓度成正比。选择适当的吸光度测量范围，通常在 0.2～0.8 之间，以确保测量的准确性和避免非线性误差。

（3）参比溶液的作用与选择

① 参比溶液的作用。在分光光度法中，参比溶液（也称为空白溶液或对照溶液）的作用至关重要，它有助于消除样品溶液中非待测物质的干扰，提高测量的准确性和可靠性。

在分光光度分析中，首先用参比溶液调节透射比 $T = 100\%$，即 $A = 0$，然后再测定待测溶液的吸光度，相当于以透过参比溶液的光束为入射光。因此，当待测溶液除被测吸光物质以外，均与参比溶液完全相同时，则可消除吸收池壁、溶剂、显色剂及样品基体对入射光反射、散射及吸收等所引起的误差，使试液吸光度真正反映待测溶液的浓度。

② 参比溶液的选择。实际工作中，需选择合适的参比溶液以消除溶剂、试剂和其他组分的背景吸收。选择参比溶液的原则：

a. 若仅待测物与显色剂的反应产物有吸收，可用纯溶剂（如蒸馏水）作参比溶液。

b. 如果显色剂或其他试剂略有吸收，以试剂参比即空白溶液（不加试样的溶液）作参比溶液。

c. 如试样中其他组分有吸收，但不与显色剂反应且显色剂无吸收时，可用试样溶液作参比溶液。

d. 当试样中其他组分有吸收，显色剂及试剂也略有吸收时，可在试液中加入适当掩蔽剂，将待测组分掩蔽后再加显色剂，以此溶液作参比溶液；或在加入显色剂显色后，再加入某试剂与待测物质的显色化合物反应，使其褪色，以此溶液作参比溶液。

测定项目二　镨钕金属及其氧化物中稀土配分的测定——电感耦合等离子体发射光谱法

项目描述

试样以盐酸分解，在稀酸介质中，采用纯试剂标准曲线进行校正，以氩等离子体光源激发进行光谱测定，从标准曲线中求得各测定稀土元素含量并计算其配分量。

项目分析

在测定镨钕合金及其氧化物中的稀土配分量时，采用电感耦合等离子体发射光谱法是一种有效的方法。这种方法具有简单、快速、准确和精密度好的特点，已经被应用于产品检测中。具体来说，该方法在选定的实验条件下，能够测定镨钕合金中的镨钕和稀土杂质元素的配分量。实验结果显示，镨钕的回收率为 $99\% \sim 100.4\%$，相对标准偏差小于 1%，而其余杂质稀土元素的回收率为 $90\% \sim 110\%$，相对标准偏差小于 5%。这些数据表明，该方法在测定镨钕合金及其氧化物中的稀土配分量时，具有较高的准确性和可靠性。

项目实现（作业指导书）

1. 目的

规范仪器、设备的正确操作，能按照作业指导书进行分析检测的正确操作。

2. 范围

（1）本操作流程适用于镨钕金属及其氧化物中 15 个稀土配分量的测定。

（2）测定范围：Pr $10.00\%\sim30.00\%$、Nd $60.00\%\sim90.00\%$、其他 13 种稀土元素 $0.03\%\sim0.40\%$。

3. 职责

（1）实验操作人员负责按照作业指导书要求进行分析检测。

（2）组长、教师负责本作业指导书执行情况的监督。

4. 试剂

（1）盐酸（1+1，1+19）。

（2）硝酸（1+1）。

（3）过氧化氢（30%）。

（4）镧、铈、钐、铕、钆、铽、镝、钬、铒、铥、镱、镥和钇标准贮存溶液：1mL 含 $50\mu g$ 各稀土元素（5%盐酸或硝酸介质）。

（5）1♯标准贮存溶液（氧化镨钕混合标准溶液）：称取 2.2500g 经 950℃ 灼烧的氧化钕（稀土相对纯度＞99.99%，稀土总量＞99.5%）和 0.2500g 经 950℃ 灼烧的氧化镨（稀土相对纯度＞99.99%，稀土总量＞99.5%），置于 200mL 烧杯中，加入 20mL 盐酸（1+1），低温加热至溶解完全，冷却至室温，移入 100mL 容量瓶中，用水稀释至刻度，混匀（1mL 含 2.5mg 镨与 22.5mg 钕）。

（6）2♯标准贮存溶液（氧化镨钕混合标准溶液）：称取 1.5000g 经 950℃ 灼烧的氧化钕（稀土相对纯度＞99.99%，稀土总量＞99.5%）和 0.8700g 经 950℃ 灼烧的氧化镨（稀土相对纯度＞99.99%，稀土总量＞99.5%），置于 200mL 烧杯中，加入 20mL 盐酸（1+1），低温加热至溶解完全，冷却至室温，移入 100mL 容量瓶中，用水稀释至刻度，混匀（1mL 含 8.7mg 镨与 15.0mg 钕）。

（7）3♯标准贮存溶液（氧化镨钕混合标准溶液）：称取 0.7500g 经 950℃ 灼烧的氧化钕（稀土相对纯度＞99.99%，稀土总量＞99.5%）和 1.6850g 经 950℃ 灼烧的氧化镨（稀土相对纯度＞99.99%，稀土总量＞99.5%），置于 200mL 烧杯中，加入 20mL 盐酸（1+1），低温加热至溶解完全，冷却至室温，移入 100mL 容量瓶中，用水稀释至刻度，混匀（1mL 含 16.85mg 镨与 7.5mg 钕）。

（8）氩气 $[\varphi(Ar)＞99.99\%]$。

5. 仪器

电感耦合等离子体发射光谱仪（ICP-OES），倒数线色散率不大于 0.26nm/mm（一级光谱）。

6. 试样

（1）镨钕氧化物：将试样研磨后，在干燥箱内于 105℃ 下烘 1h，并置于干燥器内冷却至室温备用。

（2）镨钕金属：细屑状密封包装。

7. 作业流程

测试项目	镨钕金属及其氧化物中稀土配分的测定				
班级		检测人员		所在组	

7.1 仪器作业准备

本项目检测中，主要使用的仪器包括电感耦合等离子体发射光谱仪、干燥箱、分析天平、容量瓶、移液管等。根据项目描述，请查阅资料并列出所需主要仪器的清单和试剂清单，见表3-2-1、表3-2-2。

表 3-2-1 仪器清单

所需仪器	型号	主要结构	评价方式
电感耦合等离子体发射光谱仪			材料提交
干燥箱			材料提交
分析天平			材料提交
容量瓶			材料提交
移液管			材料提交

表 3-2-2 试剂清单

主要试剂	基本性质	加入的目的	评价方式
盐酸			材料提交
硝酸			材料提交
过氧化氢			材料提交

7.1.1 电感耦合等离子体发射光谱法的操作

电感耦合等离子体发射光谱法是一种常用的元素分析技术，其操作规程通常包括以下步骤：

准备阶段：确保实验室环境适宜，包括温度、湿度和通风条件；检查氩气供应是否充足，废液桶空间是否足够；打开循环水系统和空气压缩机，调节至适当的工作压力；启动电脑和相关软件。

开机和点火：打开总电源开关，启动仪器；在确认进样系统正确安装后，调整蠕动泵，将进样管放入去离子水中；启动氩气并预热仪器，根据仪器型号不同，预热时间也有所不同；通过软件界面进行点火，并观察等离子体的稳定运行状态，确保稳定后再进行后续操作。

样品分析：建立新的分析方法，准备标准样品、空白样品和待测样品。首先测试空白样品以检查背景干扰，然后测试标准样品以进行标准化和绘制标准曲线，最后分析待测样品、记录数据。

关机清理：分析完成后，使用适当的溶液冲洗进样系统，排尽管路中的残留物；熄火，并通过软件界面关闭等离子体，让蠕动泵空转以排尽管路中的废液。关闭所有电源和气源，包括稳压器、主机电源、空气压缩机和循环水泵。最后，关闭气瓶主阀和主电源，并记录操作日志。

详细操作步骤如下表（以××企业 ICP 操作为例）：

流程	图示	操作要点	注意事项
电感耦合等离子体发射光谱法的操作		1. 开启总电源 将仪器室闸盒的 ICP 主机电源、电源插座、通风橱 ICP 风机电源合闸	
		2. 打开循环冷却水 打开循环冷却水箱开关，注意水箱显示温度，此时显示的是室温，过 15min 后温度应该在 20～25℃ 之间为正常。特别注意水箱后面与水管相连的阀门处于打开状态，手柄与水管同一方向为开	
		3. 开氩气 打开氩气瓶上的总开关，观察总压力表上的压力，应不低于 1MPa。注意等离子气的分压表输出压力，使输出压力保持在 0.55MPa	1. 每次点火前务必检查好循环水、通风和气压。氩气瓶总压应不小于 1MPa，根据气压判断点火的时长，一般 1MPa 能用 1h，不足本次测试请及时更换气瓶。 2. 仪器点燃后不能随便调整等离子气的流量计和压力表，否则会烧坏石英炬管。
		4. 仪器预热、点火 打开仪器主机及电脑控制操作软件。将位于 ICP 主机右下方的仪器开关合上，打开电脑，双击 ICP 点火软件图标，软件进入预热状态，等待预热完毕，点击点火程序图标后出现系统参数设置和检测项，勾选等离子气和载气通气 1min 后，点击 ICP 点火按钮进行自动点火，正常点火后预热 20min 可进行样品分析。每天第一次点火时，炬管内可能泛白光但不能形成等离子火炬，点火 3 次不成功可等一会儿再重新点火	

流程	图示	操作要点	注意事项
电感耦合等离子体发射光谱法的操作	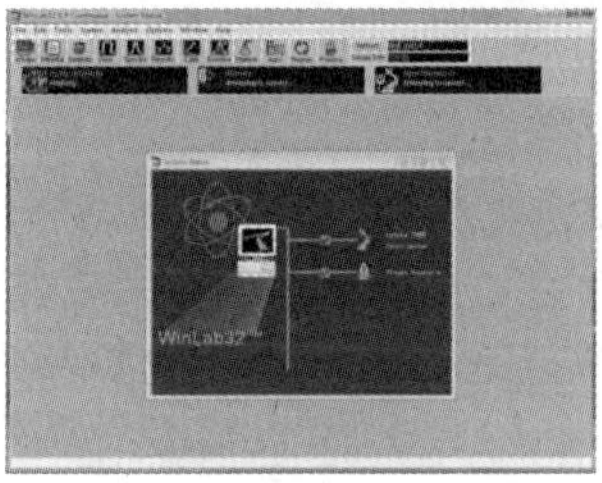 打开分析软件 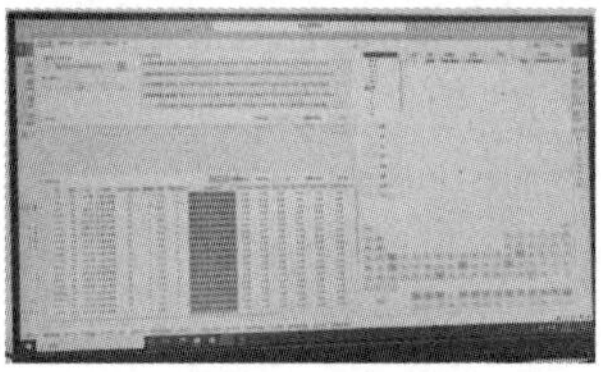 样品分析	5. 打开分析软件 ①选择方法 a. 双击 ICP 分析软件,进入测试分析界面。 b. 若采用已有方法,点击选择方法,双击需要的方法即可选定。若采用新方法,点击新建方法,输入方法名称,然后编辑方法。 c. 点击分析参数,将标准测量次数设置为 3,样品测量次数设置为 3,有效数字设置为 2~4(可根据实际需要修改),点击确认。 d. 点击分析谱线,点击＋,进入谱线列表,双击需要的谱线即可添加。将积分时间设置为 0.5s,积分方式设置为高斯曲线,计量单位设置为 μg/mL。根据数量将标准名称命名为 STD1、STD2、STD3、STD4……,填上对应的理论含量,点击确认。 e. 若要删除方法,点击测量方法→方法管理→删除。 ②样品分析 a. 界面框上方列有分析方法的名称,在选定方法下进行样品分析。点击零级扫描→自动扫描,找到零级光。 b. 将毛细管插入该方法的寻峰标,点击自动寻峰,用高标去衰减,点击自动衰减(若是在此方法中已衰减过的浓度标液并且用过,不需要衰减,一般固定浓度标液只需衰减 1~2 次),继续寻峰 2~3 次至峰位准确。	3. 开高压前必须先开气,再开电;关高压时必须先关电,再关气,否则会烧坏石英炬管。 4. 仪器点燃后进样毛细管必须放在溶液中,更换溶液时毛细管离开液体(进空气)不能超过 30s,否则会导致熄火。 5. 如发现石英炬管内很脏时,请及时清洗。

流程	图示	操作要点	注意事项
电感耦合等离子体发射光谱法的操作	 进样	c. 点击测量标准，核对标准名称，点击测量，测量完毕后点击下一样品至最高标（一定要点至最高标，中途退出不能保存），点击退出，保存，按顺序依次测量低标，结束后，退出保存。可进行下一步样品的测量（测量标准时从低标可直接换到高标，高标换到低标时，须先在纯水中清洗干净）。 d. 将毛细管放入试样，点击测量样品，编辑样品名称，即可进行样品的分析测量，根据情况可打印结果等（换样时一定要将毛细管放纯水中，以便把上一样品洗下去）。 e. 测完此类样品，如需在其他方法下测量，选择其他方法 → 寻峰 → 衰减 → 寻峰 → 测标准 → 测样品，流程如上	6. 喷雾器堵塞或进样慢时，请及时清洗。 7. 拆装炬管、喷雾器、雾室时，注意轻拿轻放（石英玻璃制品易碎）。 8. 测量完成后，用5%硝酸清洗进样系统5min。 9. 样品溶液中有沉淀或混浊，必须先过滤或澄清后才能测定，以防堵塞和损坏雾化器
		6. 关机 ①测量完毕后，打开ICP点火软件，点击ICP点火，点火按钮弹起时ICP火炬熄灭，等1min充气结束后软件自动关闭等离子气后，关闭点火软件，关闭电脑。 ②关闭ICP主机右下方的仪器开关，关闭氩气总阀。 ③15min后待循环水温降至20～25℃，关闭循环冷却水箱开关、ICP主机电源、电源插座及通风橱ICP风机电源	

7.1.2　电感耦合等离子体发射光谱仪安全操作规程

① 非本岗位人员严禁操作。

② 保持室内清洁,在仪器测试前,室内温度、湿度及仪器电压指示必须在规定的范围内,方可操作,否则应检查处理。

③ 高纯氩气应存放在阴凉、通风处,每次安装好减压阀 3min 之后,必须进行检漏,保证气体无泄漏;在运输、搬运的过程中严禁碰撞、敲击、倾倒等。

④ 工作前,先检查电源线路及气源管路完好。开启仪器,应先开气源,再开循环水,最后开高频电源,关闭仪器按相反的步骤进行,严格执行仪器的开关机步骤,以免损伤电子管,以延长仪器的使用寿命。

⑤ 严格执行电气设备安全操作规程,禁用湿手触摸电源开关,严禁用湿抹布擦拭电源、开关等,以防触电。

⑥ 输入电压必须稳定在 220V±10V,仪器必须接有地线,以防电流增高损坏仪器。

⑦ 点燃等离子体之前,必须先打开通风系统,同时确保炬室门关闭,严禁肉眼观看火焰防止辐射。

⑧ 打开炬室门之前,必须关闭等离子体;等离子体至少关闭 5min 之后,才可以进行炬室部分的处理工作;擦拭高频线圈必须在高压断电的情况下进行。工作时保证线圈干燥。

⑨ 清洗仪器内部灰层,查看仪器内部零件是否有螺丝松动的部位,需加以紧固,以防测试过程中造成线路短路,在清洗查看过程中务必切断电源总开关。

⑩ 在发生突然停电时,必须迅速按照仪器关机顺序执行停机工作,来电后再按开机顺序操作。

⑪ 发现仪器异常,应立即报告班长处理,班长不能处理时,应及时通知化验室负责人。

⑫ 严禁操作人员私自拆卸仪器。

⑬ 测试中排出的废液应及时倒掉,废气应通过通风管排出。

7.2　测定流程

7.2.1　测定步骤

步骤	操作要点	引导问题
1. 称样	氧化物试料: 称取 0.2500g 试样,精确到 0.0001g	1. 如何做到精确称量?
	金属试料: 称取 0.2125g 试样,精确到 0.0001g	
2. 平行测定	称取 2 份试料,独立地进行测定,取其平均值	2. 平行测定的意义是什么?
3. 分析试液的制备	①将试料置于 100mL 烧杯中,加入 10mL HCl(1+1) 及 0.5mL H_2O_2(30%),加热分解至清亮,冷却,移入 100mL 容量瓶中,用水稀释至刻度,混匀。 ②移取 10mL 上述溶液于 100mL 容量瓶中,用 HCl(1+19)稀释至刻度,混匀待测。	3. 分析试液制备过程中的注意事项有哪些?

步骤	操作要点	引导问题
4. 标准溶液的配制	按表 3-2-3 移取各贮存溶液于 3 个不同的 500mL 容量瓶中,用盐酸(1+19)稀释至刻度,混匀。	4. 标准溶液配制过程中的注意事项有哪些?

按表 3-2-3 移取各贮存溶液于 3 个不同的 500mL 容量瓶中,用盐酸(1+19)稀释至刻度,混匀。

表 3-2-3 标准溶液配制表

标液标号	分取各贮存液体积/mL			
	La	Ce	Sm	Eu
1	0	0	0	0
2	10.0	10.0	10.0	10.0
3	5.0	5.0	5.0	5.0

标液标号	分取各贮存液体积/mL			
	Gd	Tb	Dy	Ho
1	0	0	0	0
2	10.0	10.0	10.0	10.0
3	5.0	5.0	5.0	5.0

标液标号	分取各贮存液体积/mL			
	Er	Tm	Yb	Lu
1	0	0	0	0
2	10.0	10.0	10.0	10.0
3	5.0	5.0	5.0	5.0

标液标号	分取各贮存液体积/mL			
	Y	1#	2#	3#
1	0	5.0	0	0
2	10.0	0	5.0	0
3	5.0	0	0	5.0

各标准配分量见表 3-2-4。

表 3-2-4 标准溶液中稀土配分量/%

标号	元素			
	La_2O_3	CeO_2	Pr_6O_{11}	Nd_2O_3
1	0.00	0.00	10.00	90.00
2	0.40	0.40	34.80	60.00
3	0.20	0.20	67.40	30.00

标号	元素			
	Sm_2O_3	Eu_2O_3	Gd_2O_3	Tb_4O_7
1	0.00	0.00	0.00	0.00
2	0.40	0.40	0.40	0.40
3	0.20	0.20	0.20	0.20

步骤	操作要点	引导问题
4. 标准溶液的配制	续表	

标号	元素			
	Dy$_2$O$_3$	Ho$_2$O$_3$	Er$_2$O$_3$	Tm$_2$O$_3$
1	0.00	0.00	0.00	0.00
2	0.40	0.40	0.40	0.40
3	0.20	0.20	0.20	0.20

标号	元素			合计
	Yb$_2$O$_3$	Lu$_2$O$_3$	Y$_2$O$_3$	
1	0.00	0.00	0.00	100
2	0.40	0.40	0.40	100
3	0.20	0.20	0.20	100

5. 测定

将上述标准溶液与分析试液同时于表 3-2-5 中所示推荐分析线，进行氩等离子体光谱测定。

表 3-2-5 测定元素分析线

元素	分析线/nm	元素	分析线/nm
La	333.749	Dy	340.780
Ce	413.765	Ho	341.646
Pr	440.884	Er	326.478
Nd	401.225	Tm	313.126
Sm	442.434	Yb	289.138
Eu	272.778	Lu	261.542
Gd	310.050	Y	324.228
Tb	332.440	—	—

引导问题：

5. 标准曲线法测定过程中的影响因素有哪些？

_____

_____

_____

_____

7.2.2 分析结果的计算与表述

7.2.2.1 镨钕氧化物分析结果的计算与表述

将上述标准系列的配分量直接输入计算机，根据标准系列溶液和分析试液的强度值，由计算机计算归一直接输出各稀土氧化物配分值。

7.2.2.2 镨钕金属分析结果的计算与表述

按下式计算待测稀土单质的配分量：

$$P_i = \frac{k_i C_i}{\sum k_i C_i} \times 100\%$$

式中 P_i——某稀土单质配分值，%；

   C_i——仪器计算机输出的某稀土氧化物配分量，%；

   k_i——各稀土元素氧化物与其单质的换算系数，见表 3-2-6。

表 3-2-6　各稀土元素氧化物与其单质的换算系数

氧化物	La_2O_3	CeO_2	Pr_6O_{11}	Nd_2O_3	Sm_2O_3	Eu_2O_3	Gd_2O_3	Tb_4O_7
k_i	0.8527	0.8141	0.8277	0.8574	0.8624	0.8636	0.8676	0.8502
氧化物	Dy_2O_3	Ho_2O_3	Er_2O_3	Tm_2O_3	Yb_2O_3	Lu_2O_3	Y_2O_3	—
k_i	0.8713	0.8730	0.8745	0.8756	0.8782	0.8794	0.7874	—

7.2.3 数据记录

产品名称		产品编号	
检测项目		检测日期	
平行样项目		I	Ⅱ
工作曲线上查得的稀土氧化物配分值/%			
平均值/%			
精密度			

7.2.4　精密度

7.2.4.1　重复性

在重复性条件下获得的两次独立测试结果的测定值，在以下给出的平均值范围内，这两个测试结果绝对差值超过重复性限（r）的情况不超过 5％。重复性限（r）按表 3-2-7 数据采用线性内插法求得。超过表 3-2-7 中含量的测定值，其重复性限（r）用外推法计算求得。

表 3-2-7　重复性限

氧化物	质量分数/%	重复性限（r）/%	氧化物	质量分数/%	重复性限（r）/%
氧化镧	0.10	0.02	氧化镝	0.10	0.02
	0.24	0.03		0.20	0.01
氧化铈	0.044	0.010	氧化钬	0.10	0.01
	0.12	0.02		0.20	0.02
	0.24	0.02		—	—
氧化镨	12.90	0.17	氧化铒	0.10	0.02
	22.63	0.23		0.21	0.02
	32.05	0.23		—	—
氧化钕	65.26	0.14	氧化铥	0.10	0.02
	77.30	0.21		0.20	0.02
	85.80	0.22		—	—
氧化钐	0.10	0.02	氧化镱	0.10	0.02
	0.20	0.02		0.20	0.03
氧化铕	0.090	0.023	氧化镥	0.10	0.02
	0.18	0.04		0.20	0.02
氧化钆	0.10	0.02	氧化钇	0.10	0.01
	0.20	0.02		0.21	0.02
氧化铽	0.095	0.012	—	—	—
	0.20	0.02		—	—

注：重复性限（r）为 $2.8×S_r$，S_r 为重复性标准差。

7.2.4.2 允许差

实验室之间分析结果的差值应不大于表 3-2-8 所列的允许差。

表 3-2-8 允许差

稀土氧化物	配分含量/%	允许差/%
Pr_6O_{11}	10.00～30.00	0.80
Nd_2O_3	60.00～90.00	0.80
La_2O_3、CeO_2、Sm_2O_3、Eu_2O_3、Gd_2O_3、Tb_4O_7、Dy_2O_3、Ho_2O_3、Er_2O_3、Tm_2O_3、Yb_2O_3、Lu_2O_3、Y_2O_3	0.03～0.15	0.02
	>0.15～0.40	0.04

7.2.5 注意事项

（1）金属试样若不均匀，称取 2.1g，需分取 10 倍后进行实验。

（2）镨钕氧化物中各元素应换算为氧化物后计算结果，或以各稀土氧化物配制标准溶液。

（3）日常分析通常不考虑钐后稀土元素的配分量，只考虑镧、铈、镨、钕、钐、钇。

（4）顺序扫描型等离子发射光谱仪可以达到 0.030% 的测定下限，对于全谱直读型等离子发射光谱仪测定下限可以达到 0.10%。

（5）测定低于 0.030% 的稀土杂质元素，须采用等离子质谱仪进行测定。

（6）有些客户只需要镨钕金属或者氧化物的镨钕配比。

8. 实施过程问题清单

按照作业流程进行测定结束后，请将主要流程内容及每个流程操作过程中遇到的问题等情况填写在表 3-2-9 中（可以小组讨论形式展开）。

表 3-2-9 实施过程问题清单

序号	主要测定流程	实施情况	遇到的问题	原因分析

项目测定评价表

序号	作业项目	操作要求	自我评价	小组评价	教师评价
1	称样	检查天平水平			
		清扫天平			
		接通电源,预热			
		清零/去皮			
		称量操作规范			
		读数、记录正确			
		复原天平			

序号	作业项目	操作要求		自我评价	小组评价	教师评价
2	稀土氧化物配分量的测定	分析试液的制备	溶样操作(是否完全):将试料置于 100mL 烧杯中,加入 10mL HCl(1+1) 及 0.5mL H_2O_2(30%),加热分解至清亮,冷却			
			转移:移入 100mL 容量瓶中,用水稀释至刻度,混匀			
		标准溶液的配制	移液、混匀:移取 10mL 上述溶液于 100mL 容量瓶中,用 HCl(1+19)稀释至刻度,混匀待测			
		电感耦合等离子体发射光谱仪的操作	开启总电源			
			打开冷却循环水箱开关			
			打开氩气瓶上的总开关			
		仪器预热点火	打开仪器开关,预热完毕			
			双击 ICP 点火软件图标,软件进入预热状态			
			点火,参数设置			
		测样	选择方法,点击分析参数,再点击分析谱线			
			样品分析:选择方法→寻峰→衰减→寻峰→测标准→测样品			
		关机	打开 ICP 点火软件,点击 ICP 点火,点火按钮弹起时,ICP 火炬熄灭,等 1min 充气结束后软件自动关闭等离子气后,关闭点火软件,关闭电脑			
			关闭 ICP 主机仪器开关,关闭氩气总阀			
			关闭冷却循环水箱开关			
			关闭总电源			
3	测定结果评价	精密度				
4	原始数据记录	是否及时记录				
		记录在规定记录纸上情况				
5	测定结束	仪器是否清洗干净				
		关闭电源,填写仪器使用记录				
		废液、废物处理情况				
		台面整理、物品摆放情况				
6	损坏仪器	损坏仪器向下降 1 档评价等级				
评定等级:　优□　　良□　　合格□　　不及格□						

【知识补给站】

电感耦合
等离子体
发射光谱
仪结构

【仪器设备】

1. 电感耦合等离子体发射光谱仪结构

电感耦合等离子体发射光谱仪的工作原理是基于电感耦合等离子体技术。在 ICP 光谱仪中，通过将气体（通常是氩气）注入封闭的感应线圈中，产生一个高频电磁场。这个高频电磁场会激发气体中的气体分子，使其产生电离，并形成一个高温、高电离度的等离子体。样品溶液被喷射到电感耦合等离子体中，其中的原子和离子受到等离子体的能量激发，释放出特定波长的光。通过检测和分析这些发射光谱，可以确定样品中元素的种类和含量。

电感耦合等离子体发射光谱仪（ICP-OES）主要由进样系统、电感耦合等离子体光源（ICP）、分光系统、检测器、数据处理与仪器控制五个关键系统组成，如图 3-2-1 所示。

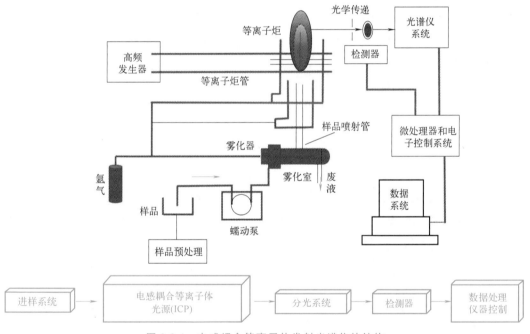

图 3-2-1 电感耦合等离子体发射光谱仪的结构

1.1 进样系统

进样系统负责将待测样品以气溶胶的形式送入等离子体炬管中进行激发和发射。通常包括蠕动泵、雾化器和雾化室。蠕动泵通过泵管将样品溶液吸入并输送，雾化器将溶液雾化成细小的液滴，而喷雾室则帮助液滴进一步分散并去除大液滴（如图 3-2-2 所示）。

1.2 电感耦合等离子体光源（ICP）

ICP 是 ICP-OES 中的核心部分，用于产生等离子体所需的高温、高电离度的气体环境。包含氩气源和高频发

进样系统
工作原理

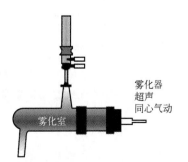

图 3-2-2 雾化器和雾化室

生器。

高频发生器——作用是产生高频磁场以供给等离子体能量。

ICP 炬管——常用的等离子体炬管，通常由三层同心石英管组成。外层通入氩气作为等离子体工作气或冷却气，Ar 电离，产生雪崩式放电，形成 ICP 焰炬，同时避免烧毁石英管；中层通入氩气作为辅助气，维持并抬高等离子焰炬，减少炭粒沉积；内层又称喷管，通入氩气作为载气，将样品气溶胶带入等离子体炬管中，等离子体炬管产生的高温可以蒸发和激发样品中的元素（如图 3-2-3 所示）。

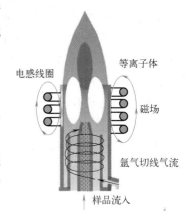

图 3-2-3　ICP 炬管

石英管外绕高频感应线圈，用高频火花引燃。

ICP 光源具有以下突出的优点：

① 激发温度高，检出限低。一般激发温度在 $6000 \sim 8000\text{K}$，有利于难激发元素的激发。可测定 70 多种元素。

② 原子化完全，化学干扰少，对于各种元素都有很高的灵敏度和很低的检出限，检出限一般在 $10^{-5} \sim 10^{-1}\,\mu\text{g/mL}$。

③ ICP 炬管放电的稳定性很好，分析的精密度高，相对标准偏差在 1% 左右。

④ ICP 光源自吸、自蚀和基体效应小，标准曲线的线性范围宽，可达 $4 \sim 6$ 个数量级，既可测定试样中的痕量组分元素，又可测定主成分元素。

⑤ 电子密度很高，电离干扰可以不予考虑。

表 3-2-10 中列出了不同激发光源的性质及其应用范围。

表 3-2-10　各种光源性质及其应用范围

光源	蒸发温度/K	激发温度/K	稳定性	应用范围
直流电弧	高（阳极）3000~4000	4000~7000	较差	矿物、纯物质、难挥发元素（定性半定量分析）
交流电弧	中 1000~2000	4000~7000	较好	金属合金低含量元素的定量分析
高压火花	低 ≪1000	瞬间可达约 7000	好	含量高，易挥发、难激发元素
ICP	很高	6000~8000	很好	溶液定量分析
火焰光源	略低	2000~3000	很好	溶液、碱金属、碱土金属

1.3　分光系统

分光系统将等离子体中发射的光分散成不同波长的光谱。通常通过棱镜或光栅等色散元件实现，能够将复合光分解成单色光，从而分别测量不同元素的特征谱线（如图 3-2-4 所示）。

1.4　检测器

检测器用于检测分光系统传递过来的单色光的强度，将光信号转换为电信号，使指示仪上显示出与试样浓度成线性关系的数值。检测器通常有光电倍增管和固态阵列检测器。

直读型原子发射光谱仪通常采用CCD作为检测器。

CCD是由一系列排得很紧密的MOS（金属-氧化物-半导体）电容器组成。它是一种固体多道光学检测器件，是由紧密排布着对光信号敏感的像元构成的模拟集成电路芯片。CCD以电荷为信号，通过电荷的存储和转移实现将光信号进行光

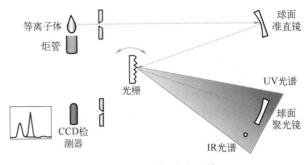

图 3-2-4　光栅分光系统

电转换、储存和传输，在其输出端产生波长-强度二维信号，信号经放大和计算机处理后在末端显示器上同步显示出人眼可见的图谱。

1.5　数据处理和控制系统

数据处理和控制系统用于控制仪器的运行，采集和处理光谱数据，通常包括计算机软件和硬件，控制仪器的操作参数，如等离子体功率、波长选择、样品进样速率等。此外，该系统还负责收集和处理检测器收集的数据，进行定量分析，并输出分析结果。

电感耦合等离子体发射光谱仪（ICP-OES）通过这些组成部分的协同工作，能够实现对样品中多种元素的高灵敏度和高准确度的分析。通过控制与数据处理系统，操作者可以方便地设置实验条件，进行数据分析，并记录实验结果。

2. 等离子体发射光谱仪的特点

① 温度高，惰性气氛，原子化条件好，有利于难熔化合物的分解和元素激发，有很高的灵敏度和稳定性；

② 趋肤效应，涡电流在外表面处密度大，使表面温度高，轴心温度低，中心通道进样对等离子的稳定性影响小；

③ 电子密度大，碱金属电离造成的影响小；

④ 氩气产生的背景干扰小；

⑤ 无电极放电，无电极污染；

⑥ 焰炬外形像火焰，但不是化学燃烧火焰，气体放电。

【必备知识】

1. 原子发射光谱法

1.1　概述

原子发射光谱是光谱分析法中发展较早的一种方法，19世纪50年代Kirchhoff和Bunsen制造了第一台用于光谱分析的分光镜，并获得了某些元素的特征光谱，奠定了光谱定性分析的基础。20世纪20年代，Gerlach为了解决光源不稳定性问题，提出了内标法，为光谱定量分析提供了可行性。60年代电感耦合等离子体（ICP）光源的引入，大大推动了发射光谱分析的发展。近年来随着CCD检测器件的使用，使多元素同时分析能力大大提高。

原子发射光谱分析法的特点有灵敏度高、选择性好、分析速度快、用样量小、检出限低、能同时进行多元素的定性和定量分析，是元素分析最常用的手段之一。

原子发射光谱是原子的光学电子在原子内能级间跃迁产生的线状光谱，反映的是原子及其离子的性质，与原子或离子来源的分子状态无关，因此，原子发射光谱只能用来确定物质的元素组成与含量，不能给出物质分子的有关信息。

1.2 原子发射光谱法基本原理

原子发射光谱法是根据每种原子或离子在热或电激发下，处于激发态的待测元素原子回到基态时发射出特征的电磁辐射而进行元素定性和定量分析的方法。

原子发射光谱法是依据待测元素的原子在热能或电能激发下，原子的核外电子由基态跃迁到激发态，并返回基态时所发射的特征谱线，对待测元素进行定性与定量分析的方法（如图 3-2-5 所示）。

原子发射光谱法包括三个主要的过程，即：

① 由光源提供能量使样品蒸发、形成气态原子、并进一步使气态原子激发而产生光辐射；

② 将光源发出的复合光经单色器分解成按波长顺序排列的谱线，形成光谱；

③ 用检测器检测光谱中谱线的波长和强度。

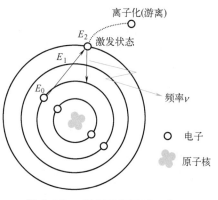

图 3-2-5　原子能级跃迁示意图

1.3 定性、定量分析基本原理

由于待测元素原子的能级结构不同，因此发射谱线的特征不同，据此可对样品进行定性分析。根据待测元素原子的浓度不同，其发射强度不同，可实现元素的定量分析测定。

（1）定性分析　量子力学基本理论：

① 原子或离子可处于不连续的能量状态，这些状态可由光谱项来描述；

② 当处于基态的气态原子或离子吸收了一定的外界能量时，其核外电子就从一种能量状态（基态）跃迁到另一能量状态（激发态）；

③ 处于激发态的原子或离子很不稳定，经约 10^{-8} s 便跃迁返回到基态，并将激发时吸收的能量以电磁波辐射的形式释放出来；

④ 电磁波按一定波长顺序排列即为原子光谱（线状光谱）；

⑤ 原子或离子的能级很多，并且不同元素的结构是不同的，因此，对特定元素的原子或离子可产生一系列不同波长的特征光谱，通过识别待测元素的特征谱线存在与否进行定性分析。

能量差与辐射波长之间的关系符合普朗克公式：

$$\Delta E = E_2 - E_0 = \frac{hc}{\lambda}$$

式中　ΔE——能量差值；

E_2——激发态能量值；

E_0——基态能量值；

h——普朗克常数；

c——电磁辐射在真空中传播的速度 3×10^8 m/s；

λ——电磁辐射波长。

（2）定量分析　试样中待测元素含量与谱线强度有密切的关系，含量愈高，谱线强度愈强。因此，谱线强度是待测元素定量分析的基础。

原子发射光谱强度与物质浓度的关系符合罗马金-赛伯公式：

$$I = aC^b$$

式中　I——谱线强度；

　　　a——发射系数（与试样的蒸发、激发和发射的整个过程有关）；

　　　C——待测元素含量；

　　　b——自吸收系数。

在经典光源中，由于存在自吸现象，通常使用其对数形式来绘制校正曲线。相比之下，等离子体光源中，自吸现象得到有效消除，自吸收系数 b 在很宽的浓度范围内近似等于 1（$b \approx 1$）。因此，在等离子体光源中，谱线强度与浓度成正比，无需使用对数形式来绘制校正曲线，可以利用这一关系对元素进行定量分析。

2. 电感耦合等离子体

2.1　等离子体

等离子体是不同于固体、液体和气体的物质的第四态。物质由分子构成，分子由原子构成，原子由带正电的原子核和围绕它的、带负电的电子构成。当物质被加热到足够高的温度或其他原因，外层电子摆脱原子核的束缚成为自由电子，就像下课后的学生跑到操场上随意玩耍一样。电子离开原子核，这个过程就叫作"电离"。这时，物质就变成了由带正电的原子核和带负电的电子组成的、一团均匀的"浆糊"，因此，人们戏称它为"离子浆"，这些离子浆中正负电荷总量相等，它是近似电中性的，被称为等离子体。

因此，等离子体是指具有相当电离程度的气体，它由离子、电子和未电离的中性粒子组成。它的正负电荷密度几乎相等，整体看是电中性。等离子体可导电，当电流通过时产生高温，可使分子分解并增加激发态原子的数目，可作为发射光谱的激发源。

等离子体是目前应用最广泛的原子发射光谱光源之一，主要包括电感耦合等离子体（ICP）、直流等离子体（DCP）和微波等离子体（MWP）。

2.2　电感耦合等离子体（ICP）

电感耦合等离子体的产生是以射频发生器提供的高频能量加到感应耦合线圈上，并将等离子炬管置于该线圈中心，因而在炬管中产生高频电磁场。用微电火花引燃，使通入炬管中的氩气电离，产生电子和离子而导电，导电的气体受高频电磁场作用，形成与耦合线圈同心的涡流区，强大的电流产生高热，从而形成火炬形状的并可以自持的等离子体，由于高频电流的趋肤效应及内管载气的作用，使等离子体呈环状结构，如图 3-2-6 所示。

2.3　电感耦合等离子焰炬的特点

① 由于高频感应电流的趋肤效应产生的电屏蔽大大地减缓了原子和离子的扩散，因而是非常灵敏的分析光源，一般元素的检测极限常低于 $10^{-8}\,\mathrm{g/mL}$；

② 激发温度高，可达 $8000 \sim 10000\mathrm{K}$，能激发一些在一般火焰中难以激发的元素且不易生成难溶金属氧化物；

③ 放电十分稳定，分析精密度高，偏差系数可小于 0.3%；

④ 等离子体的自吸效应很小，分析曲线的直线部分范围达 4~5 个数量级；

⑤ 基体效应小，化学干扰少，通常可用纯水配制标准溶液，或用同一套标准试样溶

液来分析几种基体不同的试样；

⑥ 可同时进行多元素测定。

3. 电感耦合等离子体发射光谱法（ICP-OES）原理

ICP-OES 是等离子体光源（ICP）与原子发射光谱（OES）的联用技术。

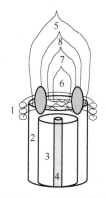

图 3-2-6 试样在等离子体内过程（样品在通道中进行蒸发、解离、原子化、电离等过程）

1—感应线圈；2—外层管；3—中层管；4—内层管；5—等离子体焰；6—原子化区域；7—原子线发射区；8—离子线发射区

ICP-OES 是基于被测元素的原子被热能或电能激发后，发射特征光谱进行分析的方法。待测样品由载气（氩气）带入雾化系统进行雾化，以气溶胶形式进入等离子体的轴向通道，在高温和惰性气氛中被充分蒸发、原子化、电离和激发，发射出所含元素的特征谱线。根据特征谱线的存在与否，鉴别样品中是否含有某种元素（定性分析）；根据特征谱线强度确定样品中相应元素的含量（定量分析）。

电感耦合等离子体发射光谱法包括三个主要的过程，即：

① 高频发生器产生的交变电磁场，使通过等离子体火炬的氩气电离、加速并与其他氩原子碰撞，形成等离子体；

② 过滤或消解处理过的样品经进样器中的雾化器被雾化，并由氩载气带入等离子体火炬中被原子化、电离、激发；

③ 不同元素的原子在激发或电离时可发射出特征光谱，特征光谱的强弱与样品中原子浓度有关，与标准溶液进行比较，即可定量测定样品中各元素的含量。

4. 电感耦合等离子体质谱法（ICP-MS）原理

ICP-MS 是等离子体光源（ICP）与质谱（MS）的联用技术。以电感耦合等离子体为离子源，以质谱仪进行检测的无机多元素分析技术，不仅能进行高灵敏度的元素分析，还能进行元素的状态分析。

被分析样品通常以水溶液的气溶胶形式引入氩气流中，然后进入由射频能量激发的、处于大气压下的氩等离子体中心区。等离子体的高温使样品去溶剂化、汽化解离和电离。部分等离子体经过不同的压力区进入真空系统，在真空系统内，正离子被拉出并按照其质荷比分离。检测器将离子转换成电子脉冲，然后由积分测量线路计数。电子脉冲的大小与样品中分析离子的浓度有关。通过与已知的标准或参考物质比较，实现未知样品的痕量元素定量分析。

即：样品由载气带入雾化系统进行雾化，以气溶胶形式进入等离子体的轴向通道，在高温和惰性气体中被充分蒸发、解离、原子化和电离。转化成的带电荷的正离子经离子采集系统进入质谱仪，质谱仪根据离子的质荷比即元素的质量数进行分离并定性定量地分析。在一定浓度范围内，元素质量数值所对应的信号响应值与其浓度成正比。

ICP-MS 的应用包括微量稀土元素含量分析、主量元素含量分析、元素种类定性分析、实验方法开发等。

5. 仪器的日常使用与维护

ICP 发射光谱仪是大型精密分析测量仪器，经常维护保养才能正常使用，延长使用寿命。

① 环境温度条件：经常使用时，室内温度必须恒温在 22℃±2℃，相对湿度控制在 75％以内。放置时间过长开机或第一次打开仪器，先将机内恒温器打开，8h 后，温度显示 32℃，1h 不变才能正常使用。

② 进样系统是维护保养的重点，每次开机前和测试结束后，必须对进样系统进行检查。

③ 喷雾器的喷雾是否正常，喷雾器与毛细管有无漏气和气泡，雾室内是否存水，雾室底部液面与水封瓶液面是否适合，所有进气连接塑料管是否有漏气现象。

④ 石英炬管有无烧坏，工作线圈有无烧坏等，石英炬管长时间使用中心管可能烧变黄或变黑，需要卸下来进行清洗，清洗办法是用 1∶1 盐酸在电炉上煮沸后，再用蒸馏水洗净干燥后使用。

⑤ 喷雾器有可能堵塞，堵塞后应用 1∶1 的盐酸在电炉上煮沸后，再用蒸馏水洗净干燥后使用。

⑥ 雾室内壁挂满水珠影响分析结果，清洗办法是：用洗液浸泡 2h 后，用蒸馏水洗净干燥后使用。

⑦ 毛细管使用半年后需要更换新的防止毛细管壁腐蚀，影响进样效果。

⑧ 分光器的恒温系统，分光器的恒温器是不间断电源常年运转，先看主机后板上的温度数字表是否为正常值 30℃。如果出现误差较大（超过 1℃）且室温正常（22±2）℃，通知厂家进行处理。

⑨ 主机顶部的排风焰筒要配有挡风板，做完测试后将挡风板折上，防止室外粉尘倒吹到仪器中，尤其是石英炬管和雾室内进入粉尘影响测试结果。

⑩ 计算机与主机通信有两个串口和一个打印机并口，这部分电源线要单独供电避免主机高频信号干扰，并且计算机不要脱机另做它用。

⑪ 氩气可使用 99.99％的普通氩气，但是氩气的湿度不能大，否则不能点燃 ICP 焰炬，每天工作完要将氩气瓶上阀门关紧，防止漏气。

⑫ 冷却循环水机，要放在主机室外，防止冷却循环水机散出的热量影响主机室温，水机内的水要用去离子水，水的电阻率大于 2MΩ，并且要在使用六个月后更换等离子水，防止机内水的电阻率下降，对主机发生器造成不良影响。

稀土磁性材料的微观形貌与元素测定

磁性材料是指能对磁场作出某种方式反应的材料，按照磁化的难易程度，可分为永磁材料和软磁材料。永磁材料也称作硬磁材料，主要特点在于其磁性能高，矫顽力高，去掉外磁场后仍能长时间保持高磁性。常用的永磁材料分为铝镍钴系永磁合金、铁铬钴系永磁合金、永磁铁氧体、稀土永磁材料和复合永磁材料等。稀土永磁材料的永磁性来源于稀土与 3d 过渡族金属所形成的某些特殊金属间化合物。利用其能量转换将动能转换为磁的各种物理效应，可以制成多种形式的功能器件，已被广泛应用于微波通信技术、音像技术、电机工程、仪表技术、计算机技术、自动化技术、汽车工业、石油化工、磁分离技术、生物工程及磁医疗与健身器材等众多领域，成为高新技术、新兴产业与社会进步的物质基础之一。

稀土永磁材料是 20 世纪 60 年代出现的新型金属永磁材料，迄今为止，经过几十年的努力，已经形成了具有规模生产和实用价值的两大类、三代稀土永磁材料，它们分别是：第一大类是 Sm-Co 永磁，或称 Co 基稀土永磁，它又包括两代，即第一代稀土永磁是 1∶5 型 SmCo 合金，第二代稀土永磁是 2∶17 型 SmCo 合金，它们均是以金属钴为基的稀土永磁合金；第二大类是 RE-Fe-B 系永磁，或称铁基稀土永磁合金，第三代稀土永磁，是以 NdFeB 合金为代表的 Fe 基稀土永磁合金。稀土永磁材料比磁钢磁性能高 100 多倍，是普通永磁材料磁性的 4 倍，钕铁硼是现在磁性最强的永磁材料。

目前钕铁硼永磁体是性能最优、用量最大、磁材市场占比最高的永磁材料。钕铁硼磁材中钕镨元素占比在 29%～32.5%，铁元素占比在 64%～69%，硼占比在 1.1%～1.2%。近几年由于钕铁硼磁材的高性价比，以及不断优化的磁材生产工艺，钕铁硼磁材在生产及应用方面得到了高速发展。钕铁硼磁材的能量密度及矫顽力都极高，且具有较强的磁性及机械性能，不足之处在于耐高温性差，且易粉化腐蚀。根据行业惯例，内禀矫顽力 （H_{cj}，kOe) 和最大磁能积 [$(BH)_{max}$，MGOe] 之和大于 60 的烧结钕铁硼永磁材料，属于高性能钕铁硼永磁材料。目前高性能钕铁硼磁性材料主要应用于新能源车驱动电机、稀土永磁电机、直驱风电中永磁电机等领域，未来随着新能源车产销量快速提升、永磁电机的普及等下游推动下，钕铁硼磁材的需求量将大幅提升。

稀土材料的微观形貌和性质之间存在着紧密的联系。稀土材料的微观形貌影响着其物理和化学性质，进一步影响稀土材料在各个应用领域的性能。氧、氮和氢元素作为钕铁硼合金中的杂质元素，对于其物理和化学性能都有一定的影响，因此对其含量都有一定的要求，必须选择合适的方法进行测定。

 目标要求

知识目标

（1）掌握利用扫描电子显微镜（SEM）观察钕铁硼（NdFeB）材料的微观形貌。

（2）掌握钕铁硼合金中氧氮含量的测定原理及操作步骤。

（3）学习钕铁硼合金中氢含量的测定原理及操作步骤。

（4）掌握测定结果的数据分析方法。

能力目标

（1）熟悉现代分析仪器的基本原理和使用方法，以适应科学技术发展的需求。

（2）熟练使用扫描电子显微镜观察钕铁硼（NdFeB）材料的微观形貌。

（3）熟练钕铁硼合金中氧、氮、氢含量测定的操作步骤及注意事项。

（4）强化学生的数据分析能力，能够从实验数据中提取有效信息，为钕铁硼合金的性能改进提供数据支持。

（5）培养学生的工程意识和解决实际问题的能力，通过材料微观形貌观察及氮、氧、氢含量的测定，理解其在钕铁硼合金中的作用。

素养目标

（1）通过稀土资源的介绍，培养学生的资源节约意识和环境保护意识，理解稀土资源的战略价值及可持续发展的重要性。

（2）培养学生的团队协作精神，鼓励学生在微观形貌观察及氮、氧、氢含量测定实验中相互协作，共同完成任务。

（3）提高学生的职业责任感和道德素质，确保在实验过程中严格遵守操作规程，保证实验数据的准确性和可靠性。

（4）强调科技创新在稀土功能材料领域的应用，激发学生的爱国情怀和创新精神，促进科技与国家的紧密结合。

 【思政案例】

新型稀土永磁材料的开拓者

作为一名在磁学战线上奋斗多年的"尖兵"，杨应昌院士一直积极投身磁学的基础研究以改变我国稀土磁性材料发展严重受制于外国专利的现实，同时不遗余力把基础研究成果转化为现实生产力。

20世纪90年代初期，国内外掀起研究氮化物的热潮，人们曾期望氮化物能够和钕铁硼一样，立即实现产业化。但是诸多的研究表明采用原有的制造工艺，难以制备出高性能氮化物磁粉，研究遇到瓶颈，纷纷下马。面对这一形势，杨应昌院士知难而上，调整了研究方向，从研究自发磁化的基础研究转向制备高性能氮化物磁粉的技术磁化研究。他带领团队在国内外率先成功地观测了氮化物的磁畴结构，研究了氮化物的反磁化机制，在此基础上开发出完全不同于生产钕铁硼磁粉的新工艺，制备出高性能各向异性钕铁氮磁粉，1996年通过科技成果鉴定。

随后，杨应昌院士带领科研团队，克服场地、设备、资金缺乏的重重困难，不断扩大实验规模，使科技成果逐步成熟。2004年采用他们产业化技术的钕铁氮磁粉生产线建成，并通过了国家验收。

贡献源于创新，坚守始于责任。将基础研究成果转化为现实生产力，对于年过八旬的杨应昌院士而言是一项艰巨使命。尽管道路曲折坎坷，可是杨应昌院士初衷不改。从青春勃发到皓首穷经，半个世纪以来，杨应昌院士在稀土磁性材料世界里不断探索。由于他的研究工作极具开创性，杨应昌院士被誉为我国新型稀土永磁材料的开拓者。

测定项目一　扫描电子显微镜测定钕铁硼材料微观形貌

项目描述

利用扫描电子显微镜（SEM）观察钕铁硼材料的微观形貌，观察主相晶粒的大小、形状和分布，以及晶界处富稀土相和富硼相的形态和分布。

项目分析

利用扫描电子显微镜（SEM）观察钕铁硼（NdFeB）材料的微观形貌，分析其组织结构、晶粒形貌、晶界特性以及潜在的缺陷和杂质，深入了解材料的组织结构特点，进而分析这些微观特征如何影响材料的宏观性能。这对于优化钕铁硼材料的制备工艺、改善材料性能以及开发新型高性能永磁材料具有重要意义。同时，SEM分析还可以为材料科学研究提供丰富的实验数据和理论基础。

项目实现（作业指导书）

1. 目的
规范仪器、设备的正确使用，能按照作业指导书进行正确操作。

2. 范围
适用于部分扫描电子显微镜的基本操作。

3. 职责
（1）实验操作人员负责按照作业指导书要求进行分析检测。

（2）组长、教师负责本作业指导书执行情况的监督。

4. 仪器
（1）扫描电子显微镜（SEM）。

（2）样品制备工具。

5. 试样
试样应为钕铁硼材料的代表性样品，能够反映其真实的微观结构和性能。

6. 作业流程

测试项目	扫描电子显微镜测定钕铁硼材料微观形貌				
班级		检测人员		所在组	

6.1　仪器作业准备
本项目检测中，主要使用的仪器包括扫描电子显微镜、样品制备工具。根据项目描述，请查阅资料并列出所需主要仪器的清单，见表4-1-1。

表 4-1-1　仪器清单

所需仪器	型号	主要结构	评价方式
扫描电子显微镜			材料提交
样品制备工具			材料提交

扫描电镜
的操作

扫描电镜操作

流程	图示	流程说明	注意事项
扫 描 电 镜 操 作		1. 开机准备 　检查电源、冷却水、真空泵等设备的连接是否正常,确认电压稳定且符合设备要求。同时,还需要确保扫描电镜的工作环境清洁无尘,以避免灰尘对样品和设备的污染	1. 操作人员需要具备一定的专业知识和操作技能,以确保操作的准确性和安全性。 2. 在使用扫描电镜时,应注意安全,避免触摸或损坏设备。 3. 对于稀土磁性材料等特殊样品,应注意样品的导电性和磁性可能对设备造成的影响。 4. 定期进行设备的维护和保养,以确保设备的性能和寿命
		2. 打开仪器及测试软件 　将设备背面的电源开关打到"ON",侧面开关打到"一",打开测试软件"TM3030"	
		3. 样品制备 　(1)样品喷金处理:对于绝缘体或导电性差的材料来说,则需要预先在分析表面上镀一层厚度约10~20nm的导电层。否则,在电子束照射到该样品上时,会形成电子堆积,阻挡入射电子束进入和样品内电子射出样品表面。金属等导电性好的样品可不喷金。 　(2)粉末样品:将样品用乙醇分散在小试管中,超声分散均匀后,滴在硅片上晾干。特殊样品不能采用溶剂分散的,可撒在导电硅胶上测试,但必须经管理员同意且须用洗耳球吹去未黏住的粉末(否则会污染仪器腔体)。 　(3)膜材料、极片等块状样品:可直接贴在导电硅胶上进行测试,大小要适合仪器样品座尺寸,样品需清洁干燥、试样底部平整便于平稳地粘贴在样品台上	

流程	图示	流程说明	注意事项
扫描电镜操作		**4. 安装样品** 将制备好的样品放置在样品台上,确保样品与台面接触良好。对于某些特殊样品,可能还需要使用导电胶带或夹具进行固定。安装好样品后,将样品台放入扫描电镜的样品室中,并关闭样品室门	1. 操作人员需要具备一定的专业知识和操作技能,以确保操作的准确性和安全性。 2. 在使用扫描电镜时,应注意安全,避免触摸或损坏设备。 3. 对于稀土磁性材料等特殊样品,应注意样品的导电性和磁性可能对设备造成的影响。 4. 定期进行设备的维护和保养,以确保设备的性能和寿命
		5. 设备启动与参数设置 启动扫描电镜设备,打开相关软件界面。在软件界面上设置扫描电镜的加速电压、放大倍数、扫描速度等参数。这些参数的设置需要根据样品的性质和观察需求进行调整,以获得最佳的图像质量和分辨率	
		6. 实时观察和参数调整 在成像过程中,实时观察屏幕上的图像,根据观察结果进行参数调整,如放大倍数、电子束电压、焦距等,以获得更清晰的图像	
		7. 数据记录和保存 使用 SEM 软件捕获图像和数据,将其保存在计算机中,或导出到其他文件格式以供进一步分析。在保存数据时,确保数据的完整性和可追溯性	
		8. 结束操作 成像结束后,关闭电子束并保存所有设置。移除样品并将其妥善存储,避免受到污染或损坏。最后,关闭扫描电镜并断电	

6.2　检测流程

6.2.1　测定步骤

步骤	操作要点	引导问题
1. 仪器开机	插好电源插头,打开电镜后方空气开关(向上为开)、电镜右侧的电源开关拨至"｜",短暂等待后,EVAC 灯(蓝灯)开始闪烁,隔膜泵启动。真空抽好后 EVAC 灯会保持长亮	1. 什么情况下 EVAC 灯会保持长亮?
2. 软件启动	启动电脑,启动桌面上的 TM3030 软件,软件自动进行自检,自检完成后,若抽真空仍在进行会显示抽气的进度条	
3. 样品安装	用导电胶将产品粘在载物台上,被测面尽量平整干净(必须无磁),不能高于限高位,距离限高位 1.5mm 最佳,"EVAC/AIR"键,黄灯长亮,将载物台放入,再按"EVAC/AIR"键,至蓝灯长亮	2. 什么材料的样品可直接贴在导电胶上进行测试?注意事项有哪些?
4. 测试	(1)选择加速电压(5kV 或 15kV),点击软件的"start"按钮,软件自动加高压并进行自动聚焦、自动亮度/对比度调整。 (2)选择"fast"扫描模式,选择合适的放大倍数,转动"X、Y"旋钮,寻找待观察的区域。 (3)在比拍照倍数略高的倍数下,选择"reduce"扫描模式,图像的中心区域出现小窗口,进行仔细聚焦,点击"focus"的＋、－号或将光标置于图像上左右拖动聚焦。 (4)退到拍照的倍数,选择"slow"扫描模式确认图像,必要时调整亮度/对比度。 (5)确认是需要的图像后,按"quick save"或者"save"抓拍图像,选择保存路径,保存图像。一般选择"save",图像分辨率较高。 (6)图像抓拍完成后,软件会自动切换至"freeze"模式,图像不再刷新,如果要测量距离,保持"freeze"模式,选择"Edit-Date Entry/Measurement",在弹出的小窗口图像中的工具栏选择带字母 L 的箭头标志(内箭头或外箭头),进行测量,点击亮度/对比度图标,可在弹出的新窗口中调整图像的对比度,完成后点"save"保存新图片或者覆盖原图片。如果需要拍下一张图,继续第(2)步。 (7)观察结束后,点"stop"按钮关闭高压,如果要换样品,进行"放样品",取出样品进行换样,再进行放样品的后续步骤	3. 扫描电镜下看到的金属或者合金的微观组织形貌有什么缺陷吗? 4. 此操作测定中如何清晰地观察到待测样品的微观组织形貌?

6.2.2 注意事项

① 接触样品台等操作须戴干净手套，初次使用需联系仪器管理员进行培训或熟练操作人员辅助操作，使用完登记。

② 所观察样品尽可能是干燥的固态样品。

③ 为避免粉末样品污染光栅，粉末样品用乙醇分散滴在硅片上制样，不要直接粘在导电胶上；磁性样品，要量少、粘牢且务必喷金。

④ 所观测样品一定要清洁，用洗耳球用力地吹干净；尤其在观察粉末或松软的样品时，更要尽可能吹走附着的小颗粒减少对镜筒及探头的污染。

⑤ 样品制备好粘牢于样品台后，一定要用高度尺标定样品高度，目的是保护电镜性能和探测器。

⑥ 更换样品开关时一定不要用力推拉样品室门，要轻拉轻推。

⑦ 软件首次点"start"加电压无图像（灰屏），则先点"stop"，重启软件即可。

⑧ 不导电的样品在 Charge-up Reduction Mode 下荷电也很严重时，可以尝试拉大工作距离，若仍然很严重，应当考虑在喷金之后进行观察。

7. 实施过程问题清单

按照作业流程进行测定结束后，请将主要流程内容及每个流程操作过程中的遇到问题等情况填写在表 4-1-2 中（可以小组讨论形式展开）。

表 4-1-2　实施过程问题清单

序号	主要测定流程	实施情况	遇到的问题	原因分析

项目测定评价表

序号	作业项目	操作要求	自我评价	小组评价	教师评价
1	仪器开机	打开开关			
		EVAC 灯保持长亮			
		启动电脑,启动桌面上的 TM3030 软件			
2	样品安装	是否按照要求用导电胶将产品粘在载物台上			
		样品被测面是否平整干净			
		干燥样品放入、取出操作是否正确			
3	测试	寻找待观察的区域是否正确			
		保存图像是否正确			
		观察结束后,取出样品是否正确			
		观察结束后,关机是否正确			
4	损坏仪器	损坏仪器向下降 1 档评价等级			
		评定等级：　优□　　　良□　　　合格□　　　不及格□			

【知识补给站】

【仪器设备】

1. 认识扫描电镜

扫描电镜（scanning electron microscope，SEM，如图 4-1-1 所示）是一种利用电子束扫描样品表面来产生图像的显微镜。它通过聚焦高能电子束在样品表面进行扫描，并利用各种信号检测器收集样品的特征信息，如二次电子、背散射电子、X 射线等，从而获得样品的形貌、组成和结构信息。扫描电镜具有高分辨率和高放大倍数等特点，可以观察样品的表面细节和微观结构。由于其分辨率高、景深大、样品制备简单等优点，扫描电镜在材料科学、生物学、医学、环境科学等领域得到了广泛应用。

图 4-1-1　扫描电镜

在材料科学领域，扫描电镜可以用于观察金属、陶瓷、复合材料等材料的表面形貌和微观结构，帮助科学家了解材料的性能和制备工艺。在生物学领域，扫描电镜可以观察细胞和组织的形态和结构，用于研究生物体的生理和病理变化。在医学领域，扫描电镜可以用于观察人体组织和器官的微观结构，帮助医生诊断疾病和评估治疗效果。在环境科学领域，扫描电镜可以观察土壤、岩石、矿物等自然材料的表面结构和形貌，帮助科学家了解地球和环境的变化。

2. 扫描电镜试验应用

① 表面形貌观察：SEM 可以直接观察样品的表面形貌，呈现出三维立体的表面结构。这对于研究材料的表面粗糙度、颗粒大小、形态等非常有用。

② 元素分析：SEM 通常配备有能谱仪（EDS）等附件，可以对样品进行元素分析。通过分析样品表面的元素组成，可以了解材料的成分和化学性质。

③ 晶体结构分析：SEM 可以观察样品的晶体结构，通过分析样品的衍射花样和晶格条纹等特征，可以确定材料的晶体类型和结构。

④ 涂层厚度测量：对于金属、陶瓷等材料的涂层，SEM 可以用来测量涂层的厚度。通过测量不同位置的涂层厚度，可以评估涂层的均匀性和质量。

⑤ 断裂面分析：当材料发生断裂时，SEM 可以观察和分析断裂面的形貌和结构。通过分析断裂面的特征，可以了解材料的力学性能和断裂机制。

⑥ 生物样品观察：SEM 也可用于观察生物样品，如细胞、组织、骨骼等。通过观察生物样品的表面结构和形貌，可以了解细胞的生长和分化等生物学过程。

⑦ 微观尺度测量：SEM 可以在微观尺度上测量各种尺寸参数，例如颗粒大小、孔径分布、表面粗糙度等。这些参数对于评估材料的性能和应用非常重要。

3. 扫描电镜的组成

（1）电子光学系统　电子光学系统是扫描电镜的核心部分，主要包括电子枪、电磁透镜和扫描线圈。电子枪是发射电子的源，其作用是将阴极加热至高温，激发出电子并形成电子束。电磁透镜用于缩小电子束，增加其聚焦能力。扫描线圈则控制电子束在样品表面进行扫描，形成图像。

（2）真空系统　扫描电镜需要在高真空环境下工作，以避免空气分子对电子束的散射和干扰。因此，真空系统是必不可少的组成部分。真空系统通常包括机械泵、扩散泵和真空测量仪表等，用于建立和维持高真空环境。

（3）电源及控制系统　电源及控制系统为扫描电镜提供电力和控制系统信号。电源通常包括稳定的直流电源和高压电源，为电磁透镜和电子枪提供稳定的电力。控制系统信号则由计算机发出，控制扫描电镜的各个部分按照预设的程序工作。

（4）图像显示和记录系统　图像显示和记录系统是让人们看到微观世界的重要部分。扫描电镜的图像通常会被投影在荧光屏上，或者记录在胶片上。现代的扫描电镜通常配备有高分辨率的数字相机和计算机，可以将图像实时传输到计算机中，并进行处理和存储。

（5）样品室及附件　样品室是放置被观察样品的区域，需要放入电子束作用区，并且保持高真空环境。样品室通常配备有各种附件，如样品台、样品固定装置等，以便于调整样品的角度和位置。此外，一些扫描电镜还配备有能谱仪等附件，可以对样品进行元素分析和化学成分分析。

（6）环境控制系统　为了确保扫描电镜的性能和稳定性，通常需要设置环境控制系统来控制和稳定仪器内部和外部的环境参数，如温度、湿度、清洁度等。环境控制系统可以有效地保护仪器免受外部环境的影响，确保仪器长时间稳定运行。

综上所述，扫描电镜是由多个系统和组件组成的复杂仪器。其工作原理主要基于电子光学技术，通过控制电子束与样品相互作用来获取样品的形貌和成分信息。随着科技的发展，扫描电镜的性能和应用范围也在不断扩展，成为材料科学、生物学、医学等领域研究的重要工具。

4. 扫描电镜工作原理

首先，扫描电镜中的电子源通常是一个热灯丝，如钨丝或氧化物等，它在真空腔室内发出电子。这些电子在经过一系列电磁透镜的聚焦和加速后，形成一个极细的电子束，其直径通常在 $1\sim5nm$ 之间。电子束的能量取决于加速电压，这个电压可以在数千伏到数十千伏之间变化。

然后，这个电子束被扫描线圈控制，在样品表面进行光栅扫描。扫描电镜中的扫描线圈使得电子束能够逐行扫描样品表面，其扫描范围可以从微米级到毫米级。在扫描过程中，电子束与样品相互作用，产生多种信号，例如二次电子、背散射电子、X 射线等。这些信号被探测器收集并转换为电信号，再经过放大和处理后形成图像。

其中，二次电子是扫描电镜中最重要的信号之一。当电子束轰击样品表面时，会激发样品中的原子或分子的电子跃迁到更高的能级。当这些电子重新回落到低能级时，会释放出能量，其中一部分以二次电子的形式释放出来。探测器通过收集这些二次电子来形成样品表面的图像。

除了二次电子外，背散射电子也是重要的信号之一。当电子束轰击样品表面时，一部分电子被反射回来并散射到不同的方向上，形成背散射电子。探测器通过收集这些背散射电子来提供有关样品成分和形貌的信息。

扫描电镜还可以配备能谱仪（EDS）和 EBSD 等分析装置，用于对样品进行元素成分分析和晶体结构分析。能谱仪通过分析二次电子或背散射电子的能量分布，可以确定样品中元素的种类和含量。而 EBSD 装置则可以通过分析背散射电子的极角分布，来确定样品的晶体取向和晶体结构。

总的来说，扫描电镜的工作原理涉及多个复杂的技术环节，包括电子源、加速电压、电磁透镜、扫描线圈和探测器等。这些技术环节的协同工作使得我们能够利用扫描电镜观察样品表面的微观结构和形貌，并提供有关样品成分和晶体结构的信息。

【必备知识】

1. 稀土永磁材料

稀土家族是来自镧系的 15 个元素，加上与镧系关系密切的钪和钇共 17 种元素。它们是：镧、铈、镨、钕、钷、钐、铕、钆、铽、镝、钬、铒、铥、镱、镥、钪、钇。其中重要的一个功用就是永磁，所谓永磁并不是可以永远都保持原始磁性的状态而不改变，只是其磁性相对比较稳定，衰减周期相对比较漫长。

金属钕的最大用途是钕铁硼永磁材料。钕铁硼永磁体的问世，为稀土高科技领域注入了新的生机与活力。钕铁硼磁体磁能积高，被称作当代"永磁之王"，以其优异的性能广泛用于电子、机械等行业。

从广义上讲，所有能被磁场磁化、在实际应用中主要利用材料所具有的磁特性的一类材料称为磁性材料。它包括硬磁材料、软磁材料、半硬磁材料、磁致伸缩材料、磁光材料、磁泡材料和磁制冷材料等，其中用量最大的是硬磁材料和软磁材料。硬磁材料和软磁材料的主要区别是硬磁材料的各向异性场高、矫顽力高、磁滞回线面积大、技术磁化到饱和需要的磁场大。由于软磁材料的矫顽力低，技术磁化到饱和并去掉外磁场后很容易退磁，而硬磁材料由于矫顽力较高，经技术磁化到饱和并去掉磁场后，仍然长期保持很强的磁性，因此硬磁材料又称为永磁材料或恒磁材料。古代，人们利用矿石中的天然磁铁矿打磨成所需要的形状，用来指南或吸引铁质器件，指南针是中国古代四大发明之一，对人类文明和社会进步做出过重要贡献。近代，磁性材料的研究和应用始于工业革命之后，并在短时间内得到迅速发展。现今，对磁性材料的研究和应用无论在广度或者深度上都是以前无可比拟的，各类高性能磁性材料，尤其是稀土永磁材料的开发和应用对现代工业和高新技术产业的发展起着巨大的推动作用。

2. 永磁材料性能要求

永磁材料的主要性能是由以下几个参数决定的：

① 最大磁能积：最大磁能积是退磁曲线上磁感应强度和磁场强度乘积的最大值。这个值越大，说明单位体积内存储的磁能越大，材料的性能越好。

② 饱和磁化强度：是永磁材料极为重要的参数。永磁材料的饱和磁化强度越高，标志着材料的最大磁能积和剩磁可能达到的上限值越高。

③ 矫顽力：铁磁体磁化到饱和后，使它的磁化强度或磁感应强度降低到零所需的反向外磁场称为矫顽力。它表征材料抵抗退磁作用的本领。

④ 剩磁：铁磁体磁化到饱和并去掉外磁场后，在磁化方向保留的剩余磁化强度或剩余磁感应强度称为剩磁。

⑤ 居里温度：强铁磁体由铁磁性和亚铁磁性转变为顺磁性的临界温度称为居里温度或居里点。居里温度高标志着永磁材料的使用温度也高。

3. 稀土永磁材料的主要类型

稀土永磁材料现有两大类、三代产品。

第一大类是稀土-钴合金系（即 RE-Co 永磁），又包括两代产品。1996 年 K. Strant 发现 $SmCo_5$ 型合金具有极高的磁各向异常数，产生了第一代稀土永磁体 1:5 型 SmCo 合金。从此开始了稀土永磁材料的研究开发，并于 1970 年投入生产。第二代稀土永磁材料是 2:17 型的 SmCo 合金，大约是 1978 年投入生产。它们均是以金属钴为基体的永磁材料合金。

第二大类是钕铁硼合金（即 Nd-Fe-B 系永磁）。1983 年日本和美国同时发现了钕铁硼合金，称为第三代永磁材料，当 Nd 原子和 Fe 原子分别被不同的 RE 原子和其他金属原子取代可发展成多种成分不同、性能不同的 Nd-Fe-B 系永磁材料。其制备方法主要有烧结法、还原扩散法、熔体快淬法、黏结法、铸造法等，其中烧结法和黏结法在生产中应用最广泛。表 4-1-3 列出了不同稀土永磁材料的磁性能。

表 4-1-3 不同稀土永磁材料的磁性能

材料种类	最大磁能积/(kJ/m^3)	剩余磁通/T	磁感矫顽力/(kA/m)	内禀矫顽力/(kA/m)	居里温度/℃
$SmCo_5$ 系	100	0.76	550	680	740
$SmCo_5$ 系（高 H_c）	160	0.90	700	1120	740
Sm_2Co_{17} 系	240	1.10	510	530	920
Sm_2Co_{17} 系（高 H_c）	280	0.95	640	800	920
烧结 Nd-Fe-B 系	240~400	1.1~1.4	800~2400	—	310~510
黏结 Nd-Fe-B 系	56~160	0.6~1.1	800~2100	—	310
Sm-Fe-N 系	56~160	0.6~1.1	600~2000	—	310~600

测定项目二　钕铁硼合金中氧、氮含量的测定

项目描述

在惰性气氛下，加热熔融石墨坩埚中的钕铁硼合金试样，试样中的氧以一氧化碳和少量二氧化碳的形式析出，经过热氧化铜将生成的一氧化碳全部氧化成二氧化碳，进入红外检测器中进行测定；钕铁硼合金试样中氮以氮气形式析出，进入热导检测器中进行测定。

项目分析

氮、氧是钕铁硼合金中的主要杂质元素，它们的存在会严重影响合金的磁性能。氮和氧会占据晶格中的位置，降低磁矩，从而降低合金的磁能积和矫顽力。氮、氧等杂质元素

还会导致钕铁硼合金的稳定性下降，使得合金在高温或潮湿环境下容易发生氧化、腐蚀等现象。这些现象不仅会影响合金的外观和机械性能，而且可能对合金的磁性能产生长期影响。

测量钕铁硼合金中氧、氮是合金生产和质量控制过程中不可或缺的一环。通过准确的测量和控制，可以优化合金的成分和工艺参数，提高合金的性能和稳定性，为钕铁硼合金的广泛应用提供有力保障。

项目实现（作业指导书）

1. 目的
规范仪器、设备的正确使用，能按照作业指导书进行正确的操作。

2. 范围
（1）本部分适用于钕铁硼合金中氧、氮含量的测定。

（2）氧的测定范围为 $0.0020\%\sim0.60\%$，氮的测定范围为 $0.0020\%\sim0.10\%$。

3. 职责
（1）实验操作人员负责按照作业指导书要求进行分析检测。

（2）组长、教师负责本作业指导书执行情况的监督。

4. 试剂与仪器
（1）四氯化碳。

（2）镍篮或镍箔 $[w(\mathrm{Ni})\geqslant99\%，w(\mathrm{O})\leqslant0.0020\%，w(\mathrm{N})\leqslant0.0005\%]$，并预先经过混合酸（$\mathrm{HNO_3}+\mathrm{H_3PO_4}+\mathrm{HAc}$）腐蚀处理。

（3）石墨坩埚。

（4）氧氮测定仪：检测器灵敏度不低于 $0.1\mu\mathrm{g/g}$。

（5）氦气 $[\varphi(\mathrm{He})\geqslant99.99\%]$。

（6）分析天平。

5. 试样
标准样品：选择与试样的主要成分及氧、氮含量相近的标准物质或其他适用的标准物质。

6. 作业流程

测试项目	钕铁硼合金中氧、氮含量的测定			
班级		检测人员		所在组

6.1 仪器作业准备
本项目检测中，主要使用的仪器包括分析天平、氧氮仪。根据项目描述，请查阅资料并列出所需主要仪器及试剂清单，见表 4-2-1、表 4-2-2。

表 4-2-1 仪器清单

所需仪器	型号	主要结构	评价方式
分析天平			材料提交
石墨坩埚			材料提交
氧氮仪			材料提交

表 4-2-2　试剂清单

主要试剂	基本性质	加入的目的	评价方式
镍篮或镍箔			材料提交
四氯化碳			材料提交
氦气			材料提交

脉冲-氮氧仪操作

流程	图示	流程说明	注意事项
脉冲-氮氧仪操作		1. 开机前检查 确认动力气(氦气)和分析气(氦气)充足,动力气瓶减压阀调节 0.3MPa,分析气瓶减压阀调节 0.2MPa	1. 冷却水箱中水充足。 2. 确认主箱和副箱试剂管中的试剂是否失效,若脱脂棉变黑需要更换。二氧化碳吸收剂由紫色变成浅粉色或结块为失效,高氯酸镁由片状变成结块为失效
		2. 仪器预热 打开动力气,再开分析气,按下主箱"电源"(绿灯亮),"截止阀"常开,再按下副箱"节流阀",副箱"电源"常开(预热红外),打开电脑软件,观察"参比气压(0.05MPa)""检测气压(0.05MPa)""动力气压(0.3MPa)""分析气压(0.1MPa)""分析流量(0.5L/min)""冲洗流量(0.5L/min)"都是否在要求值,预热 30min	3. 参比气压、检测气压、动力气压、分析气压、分析流量、冲洗流量等确保在要求值

流程	图示	流程说明	注意事项
脉冲-氮氧仪操作		3. 空烧坩埚 打开水箱电源,压缩机泵,空烧坩埚两次(降低坩埚对结果影响),空烧坩埚与测样步骤一样,(在样品重量输入任意一个值)	4. 空烧坩埚两次
		4. 称样 先称镍囊重量(助熔剂),称样品,用镍囊包裹,软件上点"读取天平(或按F4)"	5. 镍囊要提前用酒精处理
		5. 测样 点"加样(或F12)",观察软件上"基线"在±0.05范围内,点"开始(或F5)"	6. 软件基线稳定才能测试
		6. 清理 软件弹出测试结果后,点击"开关炉(或F2)",更换内坩,大坩埚可以重复使用30~40次,用下电极刷将炉头和电极清理干净,点"开关炉(或F2)"	7. 大坩埚没裂的情况下可以重复使用30~40次
		7. 关机 测试完成,关闭软件—主箱电源—副箱节流阀—分析气—动力气—水箱	8. 保证关机前都是新的坩埚

6.2 检测流程

6.2.1 测定步骤

步骤	操作要点	引导问题
1. 试料	称取试样0.05~0.10g,精确至0.001g	1. 如何准确称量?注意事项有哪些? _____ _____

步骤	操作要点	引导问题
2. 测定次数	称取两份试样进行平行测定,取其平均值	2. 为什么选定 2 次平行测定?
3. 仪器准备	检查仪器中用于净化、除尘的各种试剂和材料,确保能正常使用。按仪器使用说明书的要求,开启仪器,预热并进行系统检查	3. 仪器为什么要预热?系统检查的目的是什么?
4. 校正空白	打开脉冲炉,将石墨坩埚置于下电极,将镍篮或镍箔置于进样器中,下电极上升,坩埚脱气,加热熔融,显示空白值。重复测定 3～5 次镍篮或镍箔,其氧的平均空白值≤0.0020%,氮的平均空白值≤0.0005%时,方可进行下步测定	4. 为什么要重复测定 3～5 次镍篮或镍箔?
5. 校正仪器	称取三份标准样品,按操作测定步骤平行测量并进行校正,而后再重复一次,测定结果的波动应在标准值的允许波动范围内	5. 平行测量的目的是什么?
6. 测定	输入试料量和空白值。将试料装入镍篮或镍箔中,置入加样器中,打开脉冲炉,将石墨坩埚置于下电极。闭合下电极,坩埚脱气后,试样进入坩埚中加热熔融,气体释放,测定值以质量分数显示	6. 本次测定的原理是什么?

6.2.2 分析结果的计算与表述

按式（4-2-1）计算氧、氮的质量分数 $w(\%)$：

$$w = w_1 - w_0 \tag{4-2-1}$$

式中 w_1——助熔剂和试料中氧或氮的质量分数,%;

w_0——助熔剂中氧或氮的质量分数,%。

6.2.3 数据记录

产品名称		产品编号	
检测项目		检测日期	
平行样项目	Ⅰ		Ⅱ
助熔剂和试料中氧或氮的质量分数/%			
助熔剂中氧或氮的质量分数/%			
氧、氮的质量分数/%			
平均值%			
精密度			

6.2.4 精密度

6.2.4.1 重复性

在重复性条件下获得的两次独立测试结果的测定值，在以下给出的平均值范围内，这两个测试结果的绝对差值不超过重复性限（r），超过重复性限（r）的情况不超过5%。重复性限（r）按表4-2-3数据采用线性内插法求得。

表 4-2-3　重复性限

元素	质量分数/%	重复性限(r)/%
氧	0.012	0.005
	0.23	0.02
	0.37	0.03
氮	0.0022	0.0009
	0.012	0.003

注：重复性限（r）为$2.8S_r$，S_r为重复性标准差。

6.2.4.2 允许差

实验室之间分析结果的差值应不大于表4-2-4所列允许差。

表 4-2-4　允许差

元素	含量范围/%	允许差/%
氧	0.0020～0.010	0.0012
	＞0.010～0.030	0.006
	＞0.030～0.10	0.012
	＞0.10～0.30	0.03
	＞0.30～0.60	0.05
氮	0.0020～0.0050	0.0015
	＞0.0050～0.010	0.0030
	＞0.010～0.030	0.005
	＞0.030～0.10	0.010

6.2.5 注意事项

（1）测定样品呈片状或块状，去皮剪成小块，放入四氯化碳中清洗，测量前取出，快速吹干；测定样品呈粉状，直接加入带盖镍囊测定。

（2）按仪器工作条件测三次空白（坩埚＋助熔剂），其相对标准偏差小于15%方可进行下一步。

（3）在0.01%～0.5%范围内，选择三个合适的钢或钛合金标样，按仪器工作条件校正标准曲线。

（4）称取两份试样进行平行测定，如其测定值的相对误差不大于10%，取其平均值报结果。

（5）金属试样制成屑状或每克10块以上的小块，取样后立即分析。

7. 实施过程问题清单

按照作业流程进行测定结束后，请将主要流程内容及每个流程操作过程中遇到的问题等情况填写在表 4-2-5 中（可以小组讨论形式展开）。

表 4-2-5　实施过程问题清单

序号	主要测定流程	实施情况	遇到的问题	原因分析

项目测定评价表

序号	作业项目	操作要求	自我评价	小组评价	教师评价
1	称量操作	检查天平水平			
		清扫天平			
		接通电源,预热			
		清零/去皮			
		称量操作规范			
		读数、记录正确			
		复原天平			
2	脉冲-氧氮测定仪的操作	仪器预热			
		空烧坩埚			
		称样			
		测样			
		清理仪器			
		关机			
3	测定结果评价	精密度			
4	损坏仪器	损坏仪器向下降 1 档评价等级			

评定等级：　优□　　　良□　　　合格□　　　不及格□

【知识补给站】

【仪器设备】

1. 氧分析仪

S-NdFeB 磁钢中氧含量分析仪有很多种，下面简要介绍 O-3000 氧分析仪的结构与技术参数。

图 4-2-1 是 O-3000 氧分析仪的外观。

O-3000氧分析仪由仪器主机和计算机组成。根据分析应用需求，可配备天平、打印机、循环冷却水等附件。

仪器主机由两个机箱组成，即主机箱和副机箱。主机箱由脉冲加热炉、冷却水路、加热炉控制回路、气路组成。主机箱主要完成样品中被测氧的提取释放。副机箱由检测器及相关流量控制电路、气路组成。副机箱主要完成被测气氛中氧含量的检测。

图 4-2-1　O-3000 氧分析仪

O-3000氧分析仪采用红外检测器作为检测核心。红外检测器标准配置两个检测通道（即光路系统），分析范围涵盖 $10^{-6} \sim 10^2$ 含量，可满足用户的全量程检测。

具体结构特点如下：

① 吸收池：标准配置氧分析仪配备两个独立的红外吸收池，根据用户需求可灵活配置吸收池长度；

② 检测器：吸收池采用热释电固态红外检测器；

③ 电机：采用瑞士进口同步电机；

④ 光源：采用进口抗氧化、稳定红外光源；

⑤ 恒温系统：整个气室进行恒温控制，保证分析气温度恒定，确保测量精度；

⑥ 保护气：红外光源及检测器采用氮气保护、净化，隔绝周围环境气氛的影响，提高稳定性和测量精度。

2. 氧分析仪技术指标

① 分析范围：低氧为 0.0001%～0.1%；高氧约 2%，为 0.5g 样品，改变称样量时，可扩大测量范围。

② 分析精度：10^{-6} 或 1%。

③ 灵敏度：0.01×10^{-6}。

3. 氧氮分析仪工作原理

氧氮分析仪能够在惰性气氛下，通过脉冲加热分解试样，由非分解红外检测器和热导检测器分别测定各种钢铁、有色金属和新型材料中氧、氮的含量。该仪器配置有两个独立的分别检测高氧和低氧的红外检测池。氮则是通过双重范围的热导池测量。样品在高功率脉冲炉的石墨坩埚中加热可达 3000℃ 以上，脉冲炉采用循环冷却水。ON-3000 氧氮分析仪具有灵敏度高、性能好、测量范围宽和分析结果准确可靠等优点。

分析过程是采用脉冲加热预先放入石墨坩埚中的试样，本法用脉冲炉作热源，试样在助熔剂的作用下，使其在高温下熔融，释放出的 CO、N_2 及 H_2 等混合气体，经 400℃ 的稀土氧化铜生成 CO_2、N_2 及 H_2O，由高纯氦气载入红外吸收池中，测出氧的百分含量后（也就是说 O 和石墨反应生成了 CO），CO_2 和 H_2O 分别被碱石棉及过氯酸镁吸收，再经色谱分离，导入电导池加以检测，氮用热导法测定。

金属中氧的测定一般采用脉冲加热-库仑滴定法和脉冲加热气相色谱法，氮的测定则采用凯氏滴定法或脉冲加热气相色谱法。

4. 氧、氮的分析原理

系统高温抽取试样中的氮和氧，O 转化为 CO，用红外光谱测定，N_2 用热导池检测。当大电流加在试样后，采焦耳热后快速加温，在 OUT-GAS 阶段对坩埚和助熔剂进行除气处理，然后再加大电流升温，进行试样中氮、氧的抽取。O_2 以 CO 的形式抽取出来，经过红外光谱检测（NDIR）得到氧浓度，然后再用 CuO 除去 CO 和氢气，最后用热导池检测得到氮的含量。

两个工作过程：脱气过程和熔融释放过程。

5. 热传导法测量气体浓度原理

热传导式气敏材料依据不同可燃性气体的热导率与空气的差异来测定气体的浓度，通常利用电路将热导率的差异转化为电阻的变化。传统的检测方法是将待测气体送入气室，气室中央是热敏元件如热敏电阻、铂丝或钨丝（如图 4-2-2 所示），对热敏元件加热到一定温度（图 4-2-2）。

当待测气体的热导率较高时，热量将更容易从热敏元件上散发，使其电阻减小，变化的电阻经过信号调理与转换电路（能把传感元件

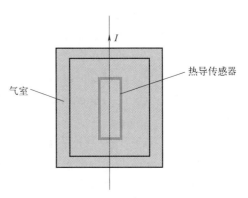

图 4-2-2　热导气体检测装置示意图

输出的电信号转换为便于显示、记录和控制的有用信号的电路），这里由惠斯通电桥来转换成不平衡电压输出，输出电压的变化反映了被测气体热导率的变化，从而就实现了对气体浓度的检测。

传统的检测方法中采用恒定的电流源给传感器热丝供电，就无法保持传感器温度恒定。要保持温度恒定就必须在传感器的温度随气体浓度（即气体热导率）变化时，改变传感器的工作电流（采用可变电流源），利用电流的热效应确保传感器的温度不变。只要做到这一点，热导式气体传感器在气体检测应用中的缺陷可以从根本上得以克服。就可以利用传感器工作电流的变化与被测气体热导率的关系实现对气体浓度的检测。

【必备知识】

1. 钕铁硼合金中氧、氮的存在形式

（1）氧的存在形式

氧化物：主要以氧化钕（Nd_2O_3）的形式存在。在钕铁硼合金的生产过程中，钕等稀土元素容易与空气中的氧发生反应生成氧化钕。此外，还可能存在钕铁氧的复合物。

吸附态氧：在合金粉末表面或内部的孔隙、缺陷处，会吸附一定量的氧分子。尤其是在粉体材料的制备和存储过程中，由于比表面积较大，容易吸附空气中的氧。

固溶态氧：氧原子可能会进入钕铁硼合金的晶格中，以固溶体的形式存在，占据晶格中的某些位置，从而改变合金的晶格结构和性能。

（2）氮的存在形式

氮化物：主要是氮化钕（NdN）。在烧结过程中，如果氮气没有及时排除，高温下氮气会与富钕相反应生成氮化钕。

原子态氮：部分氮原子可能固溶在钕铁硼合金的晶格中，以原子状态存在于合金的晶体结构中。

分子态氮：少量氮可能以分子状态夹杂于合金中的气泡内，或者吸附在合金的表面。

2. 钕铁硼合金中氧、氮的典型行为

（1）氧的典型行为

氧化反应：在钕铁硼合金的生产和使用过程中，氧容易与合金中的钕（Nd）、铁（Fe）等元素发生氧化反应，生成相应的氧化物，如 Nd_2O_3、Fe_2O_3 等。这些氧化反应通常在较高温度或有氧气存在的环境中更容易发生，例如在熔炼、烧结等工艺环节，如果气氛控制不当，氧含量增加会加速氧化反应。

影响相结构：氧的存在会影响钕铁硼合金的相结构。适量的氧可能会促进某些相的形成或改变相的比例，但过量的氧可能导致非磁性相增多，从而降低合金的磁性能。例如，过多的氧可能使合金中的富钕相氧化，改变富钕相在晶界处的分布和形态，影响磁畴的形成和畴壁运动，进而降低合金的剩磁和矫顽力。

扩散行为：氧原子在钕铁硼合金中具有一定的扩散能力。在高温下，氧原子可以在合金晶格中扩散，从表面向内部渗透，或者在不同相之间扩散。这种扩散行为会导致合金内部氧含量分布不均匀，进而影响合金性能的均匀性。在冷却过程中，氧的扩散速度会降低，但仍然可能在晶界等缺陷处聚集，形成局部的氧化区域。

降低耐腐蚀性：氧的存在通常会降低钕铁硼合金的耐腐蚀性。一方面，氧化反应生成的氧化物可能在合金表面形成疏松的氧化层，不能有效阻止外界介质与合金基体的接触；另一方面，氧的存在可能会改变合金表面的电位分布，形成局部微电池，加速腐蚀过程。

（2）氮的典型行为

氮化反应：氮在一定条件下会与合金中的钕等元素发生氮化反应，生成氮化钕（NdN）等氮化物。在烧结过程中，如果炉内存在氮气且工艺参数控制不当，就容易发生氮化反应。与氧相比，氮的反应活性相对较低，但在高温和特定气氛下，氮化反应仍能显著进行。

固溶与析出：氮原子可以固溶在钕铁硼合金的晶格中，形成固溶体。在一定的温度和成分条件下，固溶的氮可能会随着温度变化或合金处理工艺的不同而从晶格中析出，形成氮化物相。这种固溶和析出行为会影响合金的微观结构和性能，例如适量的氮固溶可能会提高合金的硬度和强度，但过量的氮析出可能会导致合金变脆。

影响磁性能：氮的存在对钕铁硼合金的磁性能有一定影响。一般来说，适量的氮可以在一定程度上改善合金的矫顽力，但过量的氮会使合金的剩磁和最大磁能积下降。这是因为氮的加入会改变合金的晶体结构和磁晶各向异性，从而影响磁性能。

与其他元素相互作用：氮可能与合金中的其他元素发生相互作用，影响合金的相平衡和组织形态。例如，氮与钕、铁等元素的相互作用可能会改变合金中相的稳定性和相转变温度，进而影响合金的微观结构演变和性能。

3. 钕铁硼合金中氧、氮的防控措施

（1）原料方面

精选原料：严格挑选高纯度的钕、铁、硼等主要原料及添加元素，确保原料中氧、氮等杂质含量极低。对原料供应商进行严格评估和筛选，要求提供的原料符合严格的纯度标准，例如钕原料的纯度需达到 99.5% 以上，以减少因原料带入的氧、氮量。

原料处理：对容易吸潮或氧化的原料，如金属钕，在使用前进行干燥、除气等预处理。可采用真空烘烤等方法去除原料表面吸附的水分和气体，在惰性气氛保护下储存和运输原料，防止在加工前就吸附过多的氧、氮。

（2）熔炼环节

真空熔炼：采用高真空熔炼设备，将熔炼环境的真空度提高到尽可能低的水平，一般需达到 10^{-3} Pa 甚至更高的真空度，减少炉内氧气和氮气的含量。同时充入高纯度的惰性气体如氩气进行保护，氩气纯度需达到 99.99% 以上，以进一步排除可能存在的氧、氮。

炉体维护：定期对熔炼炉进行检查和维护，确保炉体的密封性良好，防止外界空气渗入。检查炉门密封件、管道接口等部位，及时更换老化或损坏的密封部件，同时采用先进的熔炼技术和设备，精确控制熔炼温度和时间，避免因温度过高或时间过长导致合金与氧、氮的反应加剧。

（3）制粉过程

环境控制：在制粉车间设置洁净的生产环境，采用空气净化设备，过滤空气中的氧气和氮气以及其他杂质颗粒，使车间内的空气达到一定的洁净度标准。同时在制粉设备中充入保护气体，如在气流磨制粉过程中，使用高纯氮气或氩气作为研磨介质，保持制粉环境的惰性气氛。

设备清洁：定期对制粉设备进行清洁和维护，防止设备内部残留的氧、氮以及其他杂质混入粉末中。例如，定期清理气流磨的管道、研磨腔等部位，去除可能积累的氧化皮、灰尘等杂质。

（4）成型与烧结阶段

成型保护：在磁场取向成型和等静压成型过程中，采用惰性气体保护模具和坯体，防止空气中的氧、氮与坯体接触。对模具进行预热和干燥处理，去除模具表面吸附的水分和气体，避免在成型过程中释放出氧、氮。

烧结气氛控制：在烧结炉内通入高纯度的保护气体，严格控制烧结气氛中的氧、氮含量。精确控制保护气体的流量、压力和纯度，确保烧结过程中炉内保持稳定的惰性气氛。同时优化烧结工艺参数，如升温速率、保温时间和冷却方式等，避免因工艺不当导致合金与氧、氮发生反应。

（5）后续处理

加工环境控制：在切割、研磨和抛光等加工过程中，采用冷却剂和润滑剂时要选择低氧、氮含量的品种，并保持加工环境的清洁，防止加工过程中引入氧、氮。例如，使用去离子水或专用的低氧冷却液，并定期更换，避免冷却液中溶解的氧对合金产生影响。

包装储存：产品加工完成后，及时进行包装，采用真空包装或充入惰性气体的包装方式，防止在储存和运输过程中与空气接触而吸附氧、氮。将产品储存在干燥、通风的环境中，避免受潮和氧化。

测定项目三 钕铁硼合金中氢含量的测定

项目描述

本项目测定采用脉冲-热导法，适用于钕铁硼合金中总氢量的测定。

项目分析

随着永磁材料在工业和科学技术领域中的广泛应用，钕铁硼合金作为一种重要的永磁材料，其质量和性能的稳定变得尤为重要。氢作为钕铁硼合金中的一种常见杂质，对其磁性能有着显著的影响。因此，准确测定钕铁硼合金中的氢含量对于控制产品质量、优化生产工艺以及推动相关产业的发展具有重要意义。本项目旨在利用脉冲-热导法准确测定钕铁硼合金中的氢含量，并分析其测试结果，为合金的性能评价和质量控制提供重要依据。在稀土永磁材料制备中，尤其需要测量氢元素的含量，控制氢元素的含量在合适的范围。一般来说，稀土永磁材料制备中需要测量氢元素的含量主要是在氢破工艺环节。

项目实现（作业指导书）

1. 目的
规范仪器、设备的正确操作，能按照作业指导书进行分析检测的正确操作。

2. 范围
（1）本操作流程适用于钕铁硼合金中总氢量的测定操作。

（2）测定范围：0.00010%～0.02%。

3. 职责
（1）实验操作人员负责按照作业指导书要求进行分析检测。

（2）组长、教师负责本作业指导书执行情况的监督。

4. 仪器与试剂
（1）石墨坩埚。

（2）分子筛。

（3）脉冲-氢分析仪：分析功率 2.5kW，检测灵敏度 $0.001\mu g/g$。

（4）分析天平。

（5）四氯化碳。

（6）氮气 $[\varphi(N_2)>99.99\%]$。

（7）带盖镍囊。

5. 试样
标准样品：选择与试样的主要成分及氢含量相近的标准物质或其他适用的标准物质。

6. 作业流程

测试项目	钕铁硼合金中氢含量的测定		
班级		检测人员	所在组

6.1 仪器作业准备

本项目检测中，主要使用的仪器有分析天平、带盖镍囊、石墨坩埚等。根据项目描述，请列出所需主要仪器的型号及主要结构，查阅所需试剂的基本性质及作用，见表 4-3-1 及表 4-3-2。

表 4-3-1 仪器清单

所需仪器	型号	主要结构	评价方式
分析天平			材料提交
氢分析仪			材料提交
石墨坩埚			材料提交

表 4-3-2 试剂清单

主要试剂	基本性质	加入的目的	评价方式
带盖镍囊			材料提交
四氯化碳			材料提交
氮气			材料提交
分子筛			材料提交

氢分析仪的操作

准确的操作和正确的使用方法是确保实验顺利进行的前提条件。

氢分析仪
的操作

流程	图示	操作要点	注意事项
氢分析仪的操作	分析气 动力气 水位线	1. 仪器检查 确认动力气（普通氮气）和分析气（高纯氮气 99.999% 以上）充足,动力气瓶减压阀调节 0.25MPa,分析气瓶减压阀调节 0.25MPa,冷却水箱水充足	1. 氮气确保是高纯氮气,冷却水箱水充足

流程	图示	操作要点	注意事项
氢分析仪的操作		2. 确认试剂是否有效 确认主箱和副箱试剂管中的试剂是否有效,脱脂棉变黑需要更换。副箱上的二氧化碳吸收剂,颜色由原来紫色变成咖啡色,需要经常更换	2. 二氧化碳吸收剂由紫色变成浅粉色或结块为失效,高氯酸镁由片状变成结块为失效
		3. 仪器预热 打开动力气,再开分析气,按下主箱"电源"(绿灯亮),"截止阀"常开,再按下副箱"节流阀",副箱"电源"常开(热导恒温),打开电脑软件,观察"参比气压(0.05MPa)""检测气压(0.05MPa)""动力气压(0.25MPa)""分析气压(0.1MPa)""分析流量(0.5L/min)""冲洗流量(0.5L/min)"都符合要求值,预热30min	3. 参比气压、检测气压、动力气压、分析气压、分析流量及冲洗流量务必符合要求值
		4. 空烧坩埚 打开水箱电源,压缩机泵,空烧坩埚两次(降低坩埚对结果影响),空烧坩埚与测样步骤一样(样品重量输入任意一个值)	4. 空烧坩埚两次
		5. 称样 镍囊称重去皮(助熔剂),镍箔重量0.1g左右,称样品,样品重量在0.049~0.052g之间,用镍囊包裹,软件上"点读取天平(或按F4)",镍箔中氢含量很低,不需要输入镍箔重量扣空白	5. 镍囊要提前用酒精处理

流程	图示	操作要点	注意事项
氢分析仪的操作		6. 测样 点"加样(或 F12)",点"开始(或 F5)"观察软件上"基线"在±0.05范围内	6. 软件基线稳定才能测试
		7. 清理 软件弹出测试结果后,点击"开关炉(或 F2)",更换坩埚,用下电极刷将炉头和电极清理干净,点"开关炉(或 F2)"	7. 务必将炉头和电极清理干净
		8. 关机 测试完成,保证关机前都是新的坩埚,关闭软件—主箱电源—副箱节流阀—分析气—动力气—水箱	8. 关机前确保都是新坩埚

6.2 脉冲-热导法测定钕铁硼合金中氢含量分析步骤

6.2.1 测定步骤

步骤	操作要点	引导问题
1. 称料	称取试料 0.20~0.40g,加入带盖镍囊中,扣紧后装入氧氢仪进料器	1. 称取试料应注意什么?
2. 测定	输入试样质量,打开脉冲炉,将石墨坩埚置于下电极开始测定	2. 打开脉冲炉预热应注意什么?
3. 结果分析	随后下电极上升,坩埚脱气,进样,加热熔融,经气体提取、分离、检测,由仪器显示试样中氢的分析结果。如仪器不能自动显示分析结果则按式 4-3-1 计算	3. 本次分析测定的原理是什么?

6.2.2 分析结果的计算与表述

按式（4-3-1）计算样品中氢的质量分数（%）：

$$w = w_2 - \alpha w_1 \tag{4-3-1}$$

学习情境四 稀土磁性材料的微观形貌与元素测定　**143**

式中　w_1——空白试验氢含量，%；

　　w_2——带盖镍囊和试料中氢含量，%；

　　α——带盖镍囊与试料的质量比（在 1.2～2.0 之间）。

6.2.3　数据记录

产品名称		产品编号		
检测项目		检测日期		
平行样项目			Ⅰ	Ⅱ
空白试验氢含量/%				
带盖镍囊和试料中氢含量/%				
氢的质量分数/%				
平均值/%				
精密度				

6.2.4　注意事项

（1）测定样品呈片状或块状，去皮剪成小块，放入四氯化碳中清洗，测量前取出，快速吹干；测定样品呈粉状，直接加入带盖镍囊测定。

（2）按仪器工作条件测三次空白（坩埚＋助熔剂），其相对标准偏差小于 15% 方可进行下一步。

（3）在 0.00010%～0.020% 范围内，选择三个合适的标样，按仪器工作条件校正标准曲线。

（4）金属试样制成屑状或每克 10 块以上的小块，取样后立即分析。

（5）高纯氩气可以由高纯氮气代替，动力气使用普通氮气。

7. 实施过程问题清单

按照作业流程进行测定结束后，请将主要流程内容及每个流程操作过程中遇到的问题等情况填写在表 4-3-3 中（可以小组讨论形式展开）。

表 4-3-3　实施过程问题清单

序号	主要测定流程	实施情况	遇到的问题	原因分析

项目测定评价表

序号	作业项目	操作要求	自我评价	小组评价	教师评价
1	称量操作	检查天平水平			
		清扫天平			
		接通电源，预热			
		清零/去皮			
		称量操作规范			
		读数、记录正确			
		复原天平			
2	氢分析仪的操作	仪器预热			
		空烧坩埚			
		称样			
		测样			
		清理仪器			
		关机			
3	测定结果评价	精密度			
4	损坏仪器	损坏仪器向下降 1 档评价等级			
评定等级：　优□　良□　合格□　不及格□						

【知识补给站】

【仪器设备】

1. S-NdFeB 永磁体常用氢分析仪

S-NdFeB 磁钢中氢含量分析仪有很多种，下面仅简要介绍 H-3000 氢分析仪的结构与技术参数。图 4-3-1 是 H-3000 氢分析仪的外观。

H-3000 氢分析仪由仪器主机和计算机组成，根据分析应用的需要可以配置天平、打印机、循环冷却水等附件。

仪器主机由一个机箱组成。机箱由脉冲加热炉、冷却水路、加热炉控制回路及相关流量控制电路、气路组成，可完成样品中被测氢含量的提取释放和被测气氛中氢含量的检测。

计算机系统完成分析过程中控制信号的发出和处理，以及相关信息的采集、保存、计算、数学统计等。

图 4-3-1　H-3000 氢分析仪

H-3000 氢分析仪采用热导检测器作为检测核心。

2. 熔融-热导检测流程简介

金属、合金、稀土金属等材料中氢的常用测定方法是惰性气体保护——脉冲加热样品熔融——热导检测法。

整个分析系统采用惰性气体作为载气，一般为高纯氮气或氩气，纯度大于 99.999%。

样品直径限制在 ϕ8mm 以内，样品载体为石墨坩埚，一般为光谱纯石墨。石墨坩埚的形状根据各生产厂家电极设计的不同而不同。

将石墨坩埚放置在脉冲加热炉的上、下电极之间，关闭炉子，使整个分析系统处于载气流的冲洗中（压力 0.1MPa，流速 0.3～0.5L/min）。制备好的样品称量质量后，经过仪器的加样装置加入样品等待区。

分析程序先控制加热炉加热，对空坩埚和系统进行加热，即预处理，去除系统的背景（空白），此过程称为脱气过程和冲洗过程，加热条件分别为脱气功率和脱气时间，冲洗功率和冲洗时间，该过程为大气流冲洗炉腔，一般冲洗流速为 1.8L/min。经过脱气和冲洗后系统进入等待状态，气流恢复为正常分析流速。等待状态使检测单元热导检测器的状态稳定，即消除气流切换带来的基线波动。等待状态之后，样品由等待区自动投样进入被加热的石墨坩埚，石墨坩埚此时的加热功率为分析功率。样品在石墨坩埚中被加热熔融，样品中的氢（一般以游离形式存在）在高温下析出，形成氢气，由载气携带流出脉冲加热炉，这个过程即为样品中氢的释放过程。氢释放的条件（即加热温度和时间）由样品的特性决定。脉冲加热炉的最高加热温度可达 3000℃（功率为 6000W），一般设定分析功率为 2000W 左右，所释放的氢为样品中的总氢。

释放出来的氢在载气的携带下进入催化转化试剂（舒茨试剂）。一氧化碳转化为二氧化碳，由试剂吸收，载气携带氢气进入热导检测器进行检测。最终得到总氢的质量分数。

热导检测器是采用惠斯通电桥原理制成的检测部件，其桥臂采用热导灵敏度非常高的半导体热敏元件（温度不同电阻不同），在通载气的情况下电桥路输出为零，电桥处于平衡状态。当样品中有氢释放时，由于氢的热导率与载气高纯氮的热导率差别很大，造成热导差，从而形成电阻的变化。电阻的变化与气体中氢含量存在线性关系，根据电阻变化而输出的电桥信号，得到样品中释放的氢质量分数。

计算机系统对得到的电桥电信号进行数据采集和处理，最终得到氢的质量分数。

【必备知识】

1. 钕铁硼合金中氢的存在形式

间隙固溶氢：氢原子半径非常小，能够进入钕铁硼合金晶格的间隙位置，形成间隙固溶体。例如在 $Nd_2Fe_{14}B$ 相晶格中，氢原子可占据四面体或八面体间隙位置。这种存在形式会引起晶格畸变，对合金的性能产生显著影响，如改变磁性能、力学性能等。

氢化物中的氢：合金中的钕（Nd）等元素易与氢反应形成氢化物。常见的有 NdH_2 和 NdH_3，这些氢化物具有特定的晶体结构和化学性质。氢化物的形成会改变合金的相组成和微观结构，比如在一定条件下，富钕相优先与氢反应生成氢化物，影响合金的磁性能和力学性能。

游离态氢：在合金制备过程中，如果脱氢不充分，氢可能以游离态的氢气（H_2）形式存在于合金的孔隙、微裂纹或晶界等缺陷处。这种游离态氢在一定条件下（如温度、压力变化）可能会重新参与反应，或者导致合金内部产生应力，降低合金的性能，严重时甚至会引起合金的开裂。

2. 氢在钕铁硼合金中的典型行为

（1）氢化反应行为

与合金元素的反应：氢可以与钕铁硼合金中的钕（Nd）等元素发生反应。在一定的温度和氢气压力条件下，氢会与钕形成氢化钕（NdH_2、NdH_3 等）。这种反应是可逆的，当外界条件改变时，氢化钕又可能分解释放出氢。

改变合金相结构：氢的加入会使钕铁硼合金的相结构发生变化。在氢化过程中，合金中的部分相可能会转变为氢化物相，导致合金的晶体结构和相组成发生改变，例如会出现 $Nd_2Fe_{14}B$ 相的晶格膨胀等现象。

（2）对合金性能的影响行为

磁性能变化：适量的氢可以改善钕铁硼合金的磁性能。在氢处理过程中，氢原子进入合金晶格，可能会引起晶格畸变，从而调整合金内部的磁各向异性等，使得合金的剩磁、矫顽力等磁性能指标得到优化。但氢含量过高时，会导致合金中出现非磁性的氢化物相，反而使磁性能下降。

力学性能改变：氢的存在会显著影响钕铁硼合金的力学性能。一方面，氢可以降低合金的硬度和强度，使合金变得相对柔软，这在一定程度上有利于后续的加工处理，如制粉过程中的破碎。另一方面，过量的氢可能会导致合金产生氢脆现象，使合金的韧性大幅降低，在受力时容易发生脆性断裂。

（3）在生产工艺中的行为

氢破碎作用：在钕铁硼合金的生产中，氢破碎是一个重要的工艺环节。利用氢与合金的反应，使合金锭在氢气环境下发生氢化，由于氢化后的合金变脆，通过机械力等作用可以较容易地将合金锭破碎成粉末，为后续的制粉工艺提供便利，能够获得粒度较为均匀的合金粉末。

脱氢与再结晶：在完成氢破碎等工艺后，通常需要进行脱氢处理，去除合金中的氢。在脱氢过程中，随着氢的排出，合金的相结构会发生再结晶等变化，恢复或调整合金的晶体结构和性能，以满足产品的最终性能要求。

（4）扩散与迁移行为

在晶格中的扩散：氢原子在钕铁硼合金晶格中具有一定的扩散能力。在不同的温度和应力等条件下，氢原子会在晶格中发生扩散运动，从高浓度区域向低浓度区域迁移。这种扩散行为会影响氢在合金中的分布均匀性，进而影响合金的性能均匀性。

与缺陷的相互作用：合金中的缺陷，如位错、晶界等，会对氢的扩散和迁移产生影响。氢原子倾向于聚集在这些缺陷处，形成所谓的"氢陷阱"。氢与缺陷的相互作用会改变缺陷的性质和行为，例如影响位错的运动，进而对合金的力学性能等产生间接影响。

3. 钕铁硼合金中氢的防控措施

（1）原料选择与处理

精选原料：选择氢含量低的钕、铁、硼等原材料，确保原材料的纯度和质量，减少原材料本身带入的氢。对原材料的供应商进行严格筛选，要求提供的原材料符合低氢含量的标准。

原料干燥：对容易吸潮的原料，如一些含有结晶水的化合物或在储存过程中可能吸附水分的原料，在使用前进行充分干燥处理。采用真空干燥或在惰性气氛下干燥的方法，去除原料中的水分，避免在后续加工过程中，水分与合金反应产生氢。

（2）熔炼过程控制

真空熔炼：采用高真空熔炼设备，提高熔炼环境的真空度，一般要达到 10^{-3} Pa 甚至更高，以减少炉内氢气及其他气体的含量。在熔炼过程中，通过真空泵不断抽出炉内的气体，确保熔炼环境处于低氢气氛状态。

惰性气体保护：在熔炼时充入高纯度的惰性气体，如氩气，纯度需达到 99.99％ 以上，以排除炉内可能存在的氢气和其他有害气体。同时，要确保惰性气体的供应系统干净、干燥，避免带入水分和氢气。

（3）制粉与成型环节

制粉环境控制：在制粉车间，使用空气净化设备，去除空气中的水分和氢气，使车间内的空气达到一定的洁净度标准。在制粉设备中充入干燥的惰性气体，维持制粉环境的低氢气氛。例如，在气流磨制粉过程中，使用经过干燥处理的高纯氮气或氩气作为研磨介质。

成型保护：在磁场取向成型和等静压成型过程中，对模具和坯体进行保护。一方面，对模具进行预热和干燥处理，去除模具表面吸附的水分和气体；另一方面，在成型过程中，采用惰性气体对坯体进行保护，防止坯体与含有氢气的空气接触。

（4）烧结与热处理阶段

烧结气氛控制：在烧结炉内通入经过严格净化和干燥处理的保护气体，精确控制烧结气氛中的氢含量。通过气体净化装置去除保护气体中的水分和氢气等杂质，确保烧结过程中炉内保持低氢或无氢气氛。同时，优化烧结工艺参数，如升温速率、保温时间和冷却方式等，避免因工艺不当导致氢的引入或氢在合金中的不均匀分布。

热处理工艺优化：在热处理过程中，选择合适的热处理温度和时间，避免在氢溶解度较高的温度区间停留过长时间，防止氢大量溶入合金。对于一些可能会导致氢脆的热处理工艺，如快速冷却等，要谨慎操作或采取相应的防护措施，如在冷却介质中添加抗氧化剂等，减少氢脆的风险。

（5）后续处理与包装储存

加工环境控制：在切割、研磨和抛光等加工过程中，使用的冷却剂和润滑剂应选择低氢含量的品种，并保持加工环境的清洁和干燥。定期更换冷却剂和润滑剂，防止其在使用过程中吸收水分和氢气而对合金产生影响。

包装储存：产品加工完成后，应及时进行包装。采用真空包装或充入干燥惰性气体的包装方式，防止在储存和运输过程中合金与空气中的氢气和水分接触。将产品储存在干燥、通风良好的环境中，避免受潮和吸附氢气。同时，在储存场所放置干燥剂，进一步降低环境湿度，防止氢的侵入。

学习情境五

稀土磁性功能材料性能的测定

情境描述

稀土被称为"工业维生素"，能大幅度提升材料性能或使材料获得新功能，稀土功能材料在新一代信息技术、新能源汽车、高性能医疗器械、航天航空、国防军工、先进轨道交通等高技术领域发挥了难以替代的关键作用。常见的稀土功能材料包括稀土永磁材料、稀土催化材料、稀土激光材料、稀土荧光材料、稀土储氢材料。

其中第三代稀土永磁材料是以钕铁硼化合物 $Nd_2Fe_{14}B$ 为基础进行改进和创新的新型材料，稀土元素约占 25%～35%，铁元素约占 65%～75%，硼元素约占 1%。这种材料具有高磁能积、高矫顽力、高磁化强度等特性，使得它们在航天、军工、微波器件、风电、通讯、医疗以及新能源、节能化和智能化等领域具有广泛的应用。

钕铁硼从毛坯加工直至成品生产出来时，涉及检验的工作很多，是一个复杂且全面的过程，涵盖了从基本的磁性能到复杂的机械和物理性能的各个方面。通过严格的检测，可以确保钕铁硼材料在各种应用中的优异表现和长期稳定性。各磁性材料生产企业需按照客户要求，针对不同的产品质量制定一套检验流程、标准及作业指导书，进行相关检验，判断产品是否合格。检测样品通常为钕铁硼永磁材料成品或半成品，检测项目包括以下几个方面：

（1）磁性能检测：包括剩磁（B_r）、矫顽力（H_{cb}）、内禀矫顽力（H_{cj}）、最大磁能积〔$(BH)_{max}$〕、工作温度（T_w）、剩磁温度系数（α_{Br}）、内禀矫顽力温度系数（α_{Hcf}）等。

（2）机械性能测试：如拉伸强度、弯曲强度、冲击强度等。

（3）物理性能检测：如密度、硬度、抗压强度、杨氏模量、比热容、热传导率、热膨胀系数、电阻率、最高使用温度等。

（4）高低温磁性能：在不同温度下测试其磁性能的变化。

（5）耐腐蚀性测试：如盐雾测试，以评估其在潮湿环境下的耐腐蚀性。

（6）外观尺寸和表面质量检测：检查产品是否有缺陷或表面损伤。

其中钕铁硼磁钢产品外观尺寸和物理性能的检测是基本要求，它不仅关系到产品的基本装配需求，而且影响到产品的环境适应性和使用寿命。磁性能的检测则直接关系到磁铁在实际应用中的效能，以确保磁铁在特定领域中的稳定应用。

本学习情境项目一介绍百分表、千分尺、投影仪的操作，学习钕铁硼产品外观尺寸和表面质量检测技术；项目二介绍盐雾箱的操作，学习钕铁硼产品物理性能中耐腐蚀性能测试；项目三介绍磁通计和特斯拉计操作，学习钕铁硼产品磁性能相对检测（或比较检测）的原理与技术。

目标要求

知识目标

（1）掌握钕铁硼产品外观尺寸和表面的检测原理及操作步骤。

（2）掌握钕铁硼产品物理性能的检测原理及操作步骤。

（3）学习钕铁硼产品磁性能的检测原理及操作步骤。

（4）掌握测定结果的数据分析方法。

能力目标

（1）能依据实验技术内容阅读获取资源信息——分析、公式、步骤指令、规范要求等。

（2）能运用检测仪器进行钕铁硼产品外观尺寸和表面质量检测。

（3）能运用盐雾箱进行钕铁硼产品耐腐蚀性能的测试。

（4）学会磁通计和特斯拉计的操作。

（5）具有进行分析结果的计算与数据处理能力。

素养目标

（1）培养学生的团队协作精神，鼓励学生在测定实验中相互协作，共同完成任务。

（2）提高学生的职业责任感和道德素质，确保在实验过程中严格遵守操作规程，保证实验数据的准确性和可靠性。

（3）强调科技创新在稀土功能材料领域的应用，激发学生的爱国情怀和创新精神，促进科技与国家的紧密结合。

【思政案例】

中国"稀土磁谷"，从一间 25m² 临时仓库中走出

中国"稀土磁谷"的崛起始于一间 25m² 的临时仓库，这里是中国科研人员追赶世界先进科技的重要起点。

在 20 世纪 80 年代，王震西带领团队在中国科学院物理研究所的一间临时仓库内，开始了对钕铁硼永磁材料的研发工作，虽然环境恶劣，但科研人员的热情与决心并未因此受到影响。他们不断尝试、不断改进，最终在 1984 年 2 月成功研发出中国第一块磁能积达到 38MGO 的钕铁硼永磁材料，这使得中国成为世界上第三个能够研发出第三代稀土永磁材料的国家。

这一成就的背后，是中国科研人员对科技创新的执着追求和对国家发展战略材料的重视。王震西及其团队的努力，不仅标志着中国稀土永磁技术的重大突破，而且为后来的产业发展奠定了坚实的基础。推动中国永磁产业走过了从无到有、从弱到强的漫漫长路，逐渐发展成为全球领先的产业之一。

此外，中国在稀土资源的利用上也取得了显著成就。通过技术创新和产业升级，中国已经从稀土资源大国转变为稀土战略强国，稀土产业的高质量发展不仅推动了相关领域的技术进步，而且为国家的经济发展和科技进步作出了巨大贡献。

测定项目一　钕铁硼产品外观检测

项目描述

本项目采用百分表检测产品表面平面度、千分尺检测产品尺寸、投影仪自动测量钕铁硼产品倒角大小。

项目分析

钕铁硼的外观、尺寸公差和表面平面度的检测对保证产品质量、提高生产效率、确保使用性能以及满足客户需求具有重要意义。

尺寸公差的控制不仅影响磁铁的装配效果，而且直接关系到磁性能的一致性和电机的运行稳定性及能耗。这些因素在实际使用中受到越来越多的客户关注。因此，准确的尺寸公差的控制是保证产品质量的基础。因此，对钕铁硼磁铁的外观、尺寸公差进行精确测定，是保证产品质量和使用性能的重要环节。

通过表面平面度检测，可以及时发现磁性材料表面不平整、弯曲等问题，从而采取相应的措施，确保材料的各项使用性能符合要求。特别是在市场竞争日益激烈的今天，产品的外观和质量越来越受到客户的关注。平面度测量可以保证产品的外观质量，满足客户的审美需求和使用要求。

钕铁硼磁钢在进行倒角处理后，不仅可以减少磁钢的尖锐角，增加电镀层的附着力，而且能防止在磕碰时破碎，从而提高产品的耐用性。因此，对倒角质量的检测是确保产品质量的关键步骤之一。

项目实现（作业指导书）

1. 目的

规范仪器、设备的正确使用，能按照作业指导书进行正确操作。

2. 范围

（1）本操作流程适用于钕铁硼产品外观的测定操作。

（2）测定一般范围：0～100mm。

3. 职责

（1）实验操作人员负责按照作业指导书要求进行测定。

（2）组长、教师负责本作业指导书执行情况的监督。

4. 测量仪器

（1）数显百分表：0～100mm。

（2）大理石平台：大理石平台表面干净无杂。

（3）千分尺、千分尺架、白纸、胶棒。

（4）投影仪。

5. 试样

将钕铁硼样品保存于密封好的塑料瓶中。

6. 作业流程

测试项目	钕铁硼产品外观检测			
班级		检测人员		所在组号	

6.1 仪器作业准备

本检测中，主要使用的分析仪器及设备包括百分表、大理石平台、千分尺、千分尺架、白纸、胶棒、投影仪。根据项目分析，应先列出所需主要仪器的清单，详见表 5-1-1。

表 5-1-1　仪器清单

所需仪器	型号	主要结构	评价方式
数显百分表			材料提交
千分尺			材料提交
投影仪			材料提交

6.1.1 千分尺的操作

千分尺又称螺旋测微器，是一种高精度的测量工具，主要用于测量微小尺寸的变化，其精度通常达到 0.01mm。千分尺在工业、制药业、科研、机械加工和测量领域具有广泛的应用，是现代工业和科技发展不可或缺的一部分。

流程	图示	操作要点	注意事项
千分尺的操作		1. 作业准备 (1)检查千分尺外观是否破损，刻度线是否清晰，套筒是否可以灵活转动。 (2)将千分尺固定在千分尺架子上，取一张干净的纸将千分尺两头擦拭干净后检查千分尺是否可以归零	1. 缓缓转动微调旋钮，使测杆和测砧接触，到棘轮发出声音为止，此时可动尺(活动套筒上)的零刻度线应当和套筒上的基准线(长横线)对正，否则有零误差
		2. 校准确认 (1)零点校准 首先，将千分尺的测量爪合拢并确保零刻度对齐，然后找到一个已知长度的物体，将其放在爪之间，轻轻拧动定位螺杆，直到物体与爪紧密贴合。最后，将刻度盘调至零刻度，校正完毕。这是最常用的校正方法。 (2)重复性校正 同一标准块上多次测量，观察测量结果的稳定性。 (3)线性校正 使用多个不同尺寸的标准量块进行校准	2. 针对重复性校准，若测量结果存在较大的波动，则需要进一步的检查和调整。 3. 针对线性校准，绘制尺寸与千分尺读数的对应关系曲线，检查是否呈线性关系。若存在非线性关系，则需要进行调整和维修

流程	图示	操作要点	注意事项
千分尺的操作		3. 测量 （1）首先将待测产品两端擦拭干净，垂直放于千分尺测砧之间，旋转套筒，待测砧即将接触测试样品时旋转棘轮，棘轮转动听到三声"咔""咔""咔"后停止旋转，准备读数。 （2）读数时眼睛视线需与刻度线垂直	4. 测量过程中应使用测力装置，不要过度用力旋转千分尺测微螺杆。 5. 测量时，千分尺的测量轴线应与所测产品被测方向一致

6.1.2　百分表的操作

　　百分表是机械测量中另一种重要的工具，被广泛应用于测量工件的几何形状误差及位置误差等（如：检测零件的平面度、圆度垂直度等），其测量精度通常为 0.01mm。百分表通过测量指针的偏转角度来反映被测表面的偏差，从而判断零件的精度。使用百分表时，需要将被测表面与百分表的测量头紧密贴合，并轻轻转动被测件以观察指针的变化。为了精确测量钕铁硼的表面平面度，要在一定时期内观察百分尺尺头。正确测量是产品实验成功的基本保障。

流程	图示	操作要点	注意事项
百分表的操作		1. 作业准备 使用百分表之前，需进行调整和校准，确保其准确性。具体步骤如下： （1）清理大理石台面。 （2）使用调整螺钉调整百分表的基准线，使其与物体接触的位置上下左右都平稳。 （3）通过转动调整螺钉，使指南针在零刻度位置或者校准标记位置以内	1. 使用百分表之前，需要进行调整和校准，确保其准确性。 2. 若指针调不在校准位置上，可以通过调整螺钉来进行微调

流程	图示	操作要点	注意事项
百分表的操作		2. 测量 确认百分表已经校准并且准备就绪后,可以进行测量,具体操作步骤如下: (1)将百分表的活动腕放置在物体上,并由刻度螺钉提供一个力量。 (2)当活动腕完全接触物体时,记录读数	3. 通过微调活动腕,可以获得更精准的读数结果。 4. 测量过程中,需要使用适当的力量,并确保活动腕和物体的接触位置平稳
		3. 读数,记录 测量完之后,需要正确地读取数据。具体步骤如下: (1)根据实际需求选择适当的刻度盘,例如毫米或者英尺。 (2)观察百分表的刻度线和指针位置,记录读数,注意刻度线的间隔和指针的位置。 (3)对于一些复杂的读数,可以通过使用亚分度盘或者百分表读数表进行细致计算	5. 读数时,需要注意刻度线的间隔和指针的位置,选择适当的刻度盘
		4. 关机 当测量结束之后,关闭电源键	6. 存放百分表时,需避免高温或者潮湿的环境,以免影响其准确性

6.1.3 投影仪的操作（HF-3032）

使用投影仪进行检测可以精确地检查磁钢的倒角是否符合标准，倒角包括角度、圆滑度等方面，确保电镀前处理的质量，进而保证电镀层的均匀性和附着力，保证磁性材料性能处于最佳的条件。此外，通过投影仪检测还能及时发现和处理不合格的产品，避免不良产品的流出，从而提高生产效率和产品质量。

投影仪的操作

流程	图示	操作要点	注意事项
投影仪的操作		1. 作业准备 (1)首先按下电源"POWER"键,打开电脑上的测试软件"Quick Mearsuing", 。 (2)然后点击"X""Y"轴回归原点,点击"取消"顺时针旋转"CONTOUR"键(测试灯光),调节合适的亮度,需要看表面时,打开"SURFACE 表面灯"	

流程	图示	操作要点	注意事项
投影仪的操作		2．测试 （1）将产品放在玻璃板上，根据产品大小选择镜头放大倍数 ▭（5mm以下产品一般选择1～2倍，大于5mm的产品一般选择0.7倍），转动聚焦杆，使得聚焦清晰。 （2）测试软件右侧的放大倍数点击"小三角 ▭ "选择与设备镜头相同的放大倍数，画弧时，先点"圆弧 ⊙ "再点"圆弧扫描 ⌒ "，"点标注半径 ⊙ "，画直线选择相应功能键	若产品比较大，超出显示界面，点击圆弧后需点"多点拟合 ▭ "

6.2 测定流程

6.2.1 测定步骤

（1）尺寸检测：用千分尺多次测量钕铁硼样品的厚度，然后取平均值与实际要求值作比较。

步骤	操作要点	引导问题
1．作业准备	检查千分尺外观是否破损，刻度线是否清晰，套筒是否可以灵活转动	1．如何校准千分尺？
	确保千分尺在使用前已经校准，以保证测量的准确性	
2．测量	将待测产品两端擦拭干净，垂直放于千分尺测砧之间	2．为什么读数时眼睛视线需与刻度线垂直？
	旋转套筒，待测砧即将接触待测样品时旋转棘轮，棘轮转动听到三声"咔、咔、咔"后停止旋转，准备读数	
	读数时眼睛视线需与刻度线垂直	

（2）表面平面度检测：用百分表测量（用百分表测量时，被测产品必须放在平台上）找最大值和最小值，两者之差作为测量结果。

步骤	操作要点	引导问题
1. 作业准备	清理大理石台面，检查百分表处于良好工作状态	1. 在测量钕铁硼平面度时，为什么对大理石台面进行清理？
2. 测量	将产品一端放置于百分表测头下	
	百分表调零	
	前后及水平推移产品，读取百分表显示最大值和最小值	2. 样品平面度是否合格的判定依据是什么？
	读取数据，记录结果	
	（测定值：最大值－最小值）	

（3）倒角 R 检测：用投影仪拍照或观察画面中的倒角并记录测量结果。

步骤	操作要点	引导问题
1. 作业准备	仪器开机准备	1. 若产品比较大，超出显示界面，应进行什么样的操作？
	准备好待测物体，并将其放置在投影仪下方	
2. 测量	打开投影仪并调整镜头的位置，使其能够清晰地显示待测物体的各个部分	
	调整光源位置以确保影像充分显现	2. 测定产品倒角的意义是什么？
	将产品放在玻璃板上，根据产品大小选择镜头放大倍数，然后截取表面图片	
	记录下测量结果	

6.2.2 数据记录

表 5-1-2 参照某企业原材料检验记录表（部分做了改动）。

表 5-1-2 原材料检验记录（以速凝片为例）

来料批号		来料牌号	
来料体		报检时间	
检测项目	成分、外观、厚度	检测工具	成分报告、目视、千分尺
抽样数量		判定标准	例:《原辅材料验收标准》（结合实际判断标准进行填写）

厚度测量数据/mm					

区间分布					
≤0.15		0.30～0.35		最大值	
0.151～0.20		0.35～0.40		最小值	
0.201～0.25		≥0.40		平均值	
0.251～0.30		$\sigma(n-1)$		PPK	∞

检测项目	判定标准		判定结果
成分报告			
产品外观	例:无菌片、无粘连片、无蓝片、无杂质		

检测项目	判定标准	测试值	判定结果
产品厚度	0.15～0.40mm 甩带片占比>90%		
氧含量	$<200\times10^{-6}$		
氮含量	$<50\times10^{-6}$		
碳含量	$<200\times10^{-6}$		
结论			
检测人员		审核确认	
检测日期		审核日期	

项目测定评价表

序号	作业项目	操作要求	自我评价	小组评价	教师评价
1	尺寸检测	作业前检查设备有无损坏			
		样品放置位置是否正确			
		测量过程是否正确			
		读数是否正确			
2	表面平面度检测	作业前检查百分表是否处于良好工作状态			
		是否清理测试台面			
		百分表调整和校准情况			
		测量操作是否规范			
		读数,记录是否正确			
3	倒角检测	作业前检查设备是否处于良好工作状态			
		灯光亮度是否合适			
		样品位置摆放情况			
		看表面时,是否打开SURFACE表面灯			
		聚焦是否清晰			
		若产品较大是否点击拟合按钮			
4	原始数据记录	是否及时记录			
		记录在规定记录纸上情况			
5	测定结束	仪器是否放到指定位置			
		关闭电源,填写仪器使用记录表			
		台面整理、物品摆放情况			
6	损坏仪器	损坏仪器向下降1档评价等级			
评定等级: 优□ 良□ 合格□ 不及格□					

【知识补给站】

【仪器设备】

1. 百分表

1.1 认识百分表

百分表的发展历史可以追溯到 1890 年，由美国的 B. C. 艾姆斯等人发明。它是一种利用精密齿条齿轮机构制成的表式通用长度测量工具，主要用于测量工件的尺寸、形状和位置误差以及小位移的长度测量，也可以用于校正零件的安装位置及测量零件的内径等。

1.2 百分表的分类

百分表逐渐发展出多种变形品种，如厚度百分表、深度百分表和内径百分表等，这些变形品种通过改变测头形状并配以相应的支架来实现。

通过用杠杆代替齿条，可以制成杠杆百分表和杠杆千分表，这类工具的示值范围较小，但灵敏度较高，它们的测头可在一定角度内转动，能适应不同方向的测量，结构紧凑。

千分表是百分表的进一步发展，它在圆表盘上印制有 1000 个等分刻度，每一分度值为 0.001mm，提供了更高的测量精度。千分表有纵形（T）、横形（Y）、垂直形（S）几种，根据使用用途选择合适的种类。它的工作原理是通过测杆上齿条与齿轮的传动配合，将测杆的直线运动转变为指针在表盘上的角度偏移，从而读取测量值。

1.2.1 刻度百分表

刻度百分表是一种常用的测量工具，主要用于测量物体直线距离、外径和内径等尺寸。通常由表头、定位杆、主板、游标等部分组成，可以通过旋转表头或移动游标来读取所需尺寸。常见百分表如图 5-1-1 所示。

(a) 厚度百分表

(b) 深度百分表

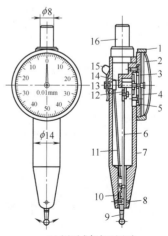

(c) 侧面式杠杆百分表

图 5-1-1　常见百分表

（1）测量方法（原理）　刻度百分表工作时，通过移动滑动座和侧头来夹住被测物体，使其与基准面的距离达到一定值。此时，读取指针所在刻盘位置与基准位置的相对距离，即可得到被测物体尺寸的大小。

（2）刻线原理　刻度百分表的刻线原理主要包括以下几个方面：

① 基准位置的确定：百分表首先确定一个基准位置，这是测量起始点。

② 刻度线的比例和设计：刻度线的数量和间距经过精心设计和统计，以确保测量的准确性。

③ 工作机制：工作时，百分表的测杆微小直线移动通过内部的齿轮传动放大，转化为指针在刻度盘上的转动，从而读取被测尺寸的大小。

④ 设计要求：为了保证高精度的测量效果，要求刻度之间间距相等，刻度深浅一致，刻度粗细均匀。

⑤ 测量范围：刻度百分表的测量范围一般在 1～150mm 之间，不同类型的百分表刻度线存在差异。

1.2.2　数显百分表

数显百分表，也称数字百分表，是一种常用的测量工具，用于测量物体的长度、厚度、直径等尺寸。它采用先进的数字显示技术，使测量结果更直观、准确，并且具有数据存储和输出的功能。

数显百分表具有高精度（能够提供准确的数字显示，避免了传统百分表的机械读数误差），操作简便（由于其采用数字显示技术，操作更加简单易懂，读数直接，提高了工作效率），可靠性高（不易受到周围环境的影响，稳定性好，能够在多种环境下提供一致的测量结果）。

（1）测量方法（原理）　数字百分表的测量原理是通过测量物体与测量夹具之间的距离来确定物体的尺寸。它的测量夹具由两个可移动的夹爪组成，其中一个夹爪上有一个活动刻度盘，可以通过旋转刻度盘调整夹爪的距离。当夹爪与物体接触时，通过旋转刻度盘，可以确定夹爪与物体之间的距离。

在测量时，首先将物体放置在测量夹具之间，使夹爪轻轻夹住物体，然后，通过旋转刻度盘，使另一个夹爪与物体的另一侧接触，此时读取刻度盘上的数值，即可得到物体的尺寸。

（2）显示原理　数字百分表的显示原理是利用数码显示技术将测量的结果以数字形式显示出来。数字百分表内部集成了一个微处理器和一个数码显示屏，当测量夹爪与物体接触时，夹爪之间的信息通过传感器传输给微处理器。微处理器会对传感器信号进行处理和计算，并将计算结果以数字的形式显示在数码显示屏上。

数字百分表的显示屏通常是由数码管或液晶显示屏组成。数码管显示屏可以显示数字和小数点，而液晶显示屏可以显示更多的信息，例如单位、功能符号等。通过数码显示屏，用户可以直接读取测量结果，无须进行烦琐的刻度盘读数。

数字百分表的数字显示具有高精度和高可读性的特点。由于测量结果以数字形式显示，避免了人眼对刻度盘读数的主观误差，提高了测量的准确性。此外，数字百分表具有数据存储和输出的功能，可以将测量结果保存或传输给其他设备进行进一步的处理。

2. 千分尺

千分尺的历史背景可以追溯到 17 世纪，其发展经历了几个重要的阶段：

（1）早期的尝试　1638 年，英国天文学家威廉·加斯科因首次应用螺纹原理来测量星星的距离，这是人类最早使用螺纹原理进行长度测量的尝试。

（2）台式千分尺的发明　1772 年，詹姆斯·瓦特发明了第一台台式千分尺，其设计基于螺纹的放大倍率，采用了 U 形结构，这成为后来千分尺的设计标准。

（3）工业化生产与手持式千分尺　1846 年，法国发明家 J. Palmer 获得了称为 Palmer 系统的专利，这一设计为现代手持式千分尺的诞生奠定了基础，Palmer 系统采用了 U 形结构、套管、套筒、心轴和测砧等典型的设计元素。

（4）千分尺的普及　1867 年美国 B&S 公司的 Brown&Sharpe 在巴黎国际博览会上首次见到了 Palmer 千分尺，并将其带回美国，促进了千分尺在美国的普及和发展。

千分尺的发展展示了人类对精密测量技术的不断探索，从早期的天文观测应用，到工业生产和手持式千分尺的普及，千分尺已经成为现代精密测量领域不可或缺的工具。

2.1　千分尺的分类

现代千分尺分为外径千分尺（包括螺纹千分尺和数字千分尺）、内径千分尺、杠杆千分尺、壁厚千分尺、尖头千分尺。如表 5-1-3 所示。

表 5-1-3　各种类型的千分尺

千分尺的分类	图示	主要用途及优点
螺纹千分尺		是一种比游标卡尺精度更高,能测量千分位的长度工具
数字千分尺		属于外径千分尺的一种,有增加智能数字测量原件,自动读数,节省读数时间
内径千分尺		用于测量物体内部尺寸的精密仪器,适用于中小直径的内壁测试
壁厚千分尺		主要适用于测量精密管形零件壁厚的测量器具

千分尺的分类	图示	主要用途及优点
尖头千分尺		主要用于测量被测物厚度、长度、直径以及小沟槽的测量器具
杠杆千分尺		由一把外径千分尺的微分筒部分和一个指示表组合而成的精密测量器具

2.2　千分尺读数方法

千分尺读数：主刻度轴上面露出格数（1mm/格）＋主刻度轴下面露出格数（0.5mm/格，主刻度轴上面格数之间不累加）＋微分筒与主刻度轴对齐数值（0.01mm/格）。

具体示例如图 5-1-2 所示。被测值的整数部分要在刻度上读，以微分筒（辅刻度）端面在主刻度的上刻线位置来确定，小数部分在微分筒和固定套筒（主刻度）的下刻度线上读（当下刻度线出现时，小数值＝0.5＋微分筒上读数，当下刻度线未出现时，小数值＝微分筒上的读数）。

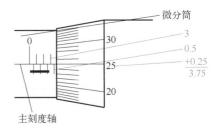

图 5-1-2　千分尺正确读数示意图

2.3　千分尺使用注意事项

① 千分尺使用完毕后务必将螺杆拧到头和测头接触，以防长时间变形。

② 千分尺使用完成后擦拭干净，应放在对应盒子内。

③ 千分尺需要定期校准，没有校准合格证的千分尺禁止使用。

④ 机械千分尺小数点后三位为估计值，记录时保留小数点后三位。

【必备知识】

1. 磁性材料形位公差检验

磁性材料形位公差检验的内容主要包括以下几点：

① 平行度：用百分表测量（用百分表测量时，被测产品必须放在平台上）找最大值和最小值，两者之差作为测量结果；

② 同轴度：用卡尺测管壁厚尺寸，两者最大公差为同轴度；

③ 圆度：用百分表在 V 形槽中测量，百分表最大值与最小值之差作为测量结果；

④ 垂直度：用直角尺或万能角度尺测量，最大差值作为测量结果。

1.1　检验标准和抽检比例

检验标准和抽检比例详见表 5-1-4。

表 5-1-4　检验标准和抽验比例

基本尺寸/mm	形位公差			
	垂直度	平行度/mm	同轴度/mm	圆度/mm
0～3	≤0.5°	0.01	0.04	0.01
3～6	≤0.5°	0.01	0.05	0.01
6～10	≤0.5°	0.02	0.06	0.015
10～18	≤0.5°	0.03	0.08	0.02
18～30	≤0.5°	0.05	0.10	0.025
30～50	≤0.5°	0.06	0.12	0.03
50～80	≤0.5°	0.07	0.15	0.035
80～120	≤0.5°	0.08	0.15	0.04
120～180	≤0.5°	0.09	0.20	0.05

1.2　钕铁硼产品过程检测标准（抽检比例及判定）

钕铁硼产品过程检测标准详见表 5-1-5。

表 5-1-5　钕铁硼产品过程检测标准　　　　　　　　　　单位：个

批量	样本数	合格判定数	不合格判定数
1～50	全检	0	1
51～280	20	0	1
281～1200	80	0	1
1201～3200	125	0	1
3201～10000	200	1	2
10001～35000	315	2	3
35001～150000	5000	3	4

1.3　外观检验方法及标准

（1）检测方法（分为如下 4 种情况）

① 目测检查产品的外观；

② 将产品放在硬纸板或玻璃上单层铺开，检验大面，检查完一面，用另一块硬纸板或玻璃压住翻面，再检测另一面；

③ 侧面用手排行检验，必要时可用磁铁吸串检验；

④ 深孔或环用手拿着对光线目测，浅孔可在玻璃板上目测。

（2）检测标准（分为如下 4 种情况）

① 外观无缺陷，色泽一致，崩边在表 5-1-6 允许范围内为合格品；

表 5-1-6　不同规格下允许崩边尺寸及允许出现点的个数

规格/mm	允许崩边/mm	允许点数/个	占批量百分数/%
1～5	<0.05	1～2	5
>5～10	<0.2	1～2	5
>10～20	<0.5	1～2	5

规格/mm	允许崩边/mm	允许点数/个	占批量百分数/%
>20~30	<0.75	1	5
>30~50	<1	1	5
>50	<1.25	1	5

② 表面有水印、黄斑、镀层脱落、起泡、带胶、孔锈、划痕、刀痕等为不合格品；

③ 外观有裂纹、砂眼、麻点、氧化、超过表 5-1-6 规定以及有崩边、打孔台阶、孔螺纹等为废品；

④ 对规格比较大的圆环外观的判定可依据表 5-1-7。

表 5-1-7　较大圆环外观判定标准

外观检测项目案例	图示	外观判定具体内容
案例 1：缺角（外边部）		a. 缺口尺寸 $L \leqslant 3.5mm, W \leqslant 3.0mm, H \leqslant 1.0mm$ b. 缺口个数$\leqslant 4$ c. 缺口<1.0mm 见方，可忽略
案例 2：缺角（内边部）		a. 缺口尺寸 $L \leqslant 1.0mm, W \leqslant 1.0mm, H \leqslant 0.5mm$ b. 缺口个数$\leqslant 2$ c. 缺口<0.5mm 见方，可忽略
案例 3：缺角（小孔部）		a. 缺口尺寸 $L \leqslant 1.5mm, W \leqslant 1.5mm, H \leqslant 0.5mm$ b. 缺口个数$\leqslant 2$ c. 缺口<0.3mm 见方，可忽略
案例 4：小孔崩边		小孔崩边在圆周外 $\phi 2.0mm$
案例 5：崩		不允许有崩边
案例 6：凸坑		不允许有凸坑
案例 7：裂缝		不允许有裂缝
案例 8：污点		用酒精可擦除的污点允许存在
案例 9：磁性		不允许有局部点能吸附回形针的磁性存在 （注：涉及取向方向检验和标准，可以用小磁块吸入检测产品，判断产品取向是否与工艺要求一致，必要时对取向方向进行标识）

2. 产品规格书写标准

以方块毛坯为例，其产品规格书写标准如下。

书写规则：非向尺寸×压向尺寸×取向尺寸，取向方向后标记大写"M"，尺寸书写须保留小数点后一位有效值，重量书写须保留小数点后一位有效值。

公差标准：客户有要求时，按客户要求执行；无客户要求时，内部加工毛坯标准，按照（±0.5）、（$^{+1}_{0}$）、（$^{0}_{-1}$）公差执行。

例：82.5×43.3×38.3M（见图5-1-3）

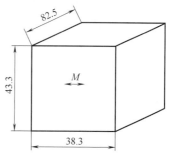

图 5-1-3　方块毛坯

测定项目二　钕铁硼产品物理性能检测

项目描述

本项目通过模拟盐雾环境，加速材料的腐蚀过程，从而在较短时间内预测材料在自然环境中的耐腐蚀性能。

项目分析

钕铁硼磁铁作为一种广泛应用于工业领域的材料，其耐腐蚀性能直接关系到产品的使用寿命和安全性。由于钕铁硼磁铁容易受到腐蚀和氧化，特别是在盐水、含盐空气或刺激性化学品的环境中，腐蚀速度会加快。因此，通过盐雾试验可以模拟这种腐蚀环境，测试钕铁硼磁铁的耐腐蚀性能，从而评估其在不同环境条件下的适用性和寿命。

盐雾试验通过模拟盐雾环境，对钕铁硼磁铁进行加速腐蚀测试，以确定其在特定时间内的腐蚀程度。这种测试不仅可以帮助制造商了解产品的耐腐蚀性能，还可以为客户提供关于产品使用寿命和适用环境的准确信息。此外，盐雾试验还可以用于比较不同表面处理方法的耐腐蚀性能，从而优化生产工艺，提高产品的耐腐蚀性能。

盐雾试验是钕铁硼性能的重要测试之一，一般根据客户需求，工厂会对产品取样进行盐雾试验。

项目实现（作业指导书）

1. 目的
规范仪器、设备的正确使用，能按照作业指导书进行的正确操作。

2. 范围
（1）本操作流程适用于钕铁硼物理性能检测操作。

（2）测定项目：表面镀层的抗腐蚀能力。

3. 职责
（1）实验操作人员负责按照作业指导书要求进行测定。

（2）组长、教师负责本作业指导书执行情况的监督。

4. 测量仪器

盐雾箱。

5. 试样

电镀钕铁硼样品。

6. 作业流程

测试项目	钕铁硼产品物理性能的检测		
班级	检测人员		所在组

6.1 仪器作业准备

本项目的检测中，主要适用的仪器有盐雾箱。根据项目描述，请查阅资料列出所需主要仪器的操作清单，详见表 5-2-1。

表 5-2-1 仪器清单

所需仪器	型号	主要结构	评价方式
			材料提交
			材料提交

盐雾箱的操作

钕铁硼磁性材料因其优异的磁性能被广泛应用于各种领域，但同时也面临着腐蚀和氧化的问题。盐雾箱测试是一种人工模拟盐雾环境条件的方法，通过这种测试，可以有效地评估钕铁硼磁性材料的耐腐蚀性能。测试过程中，通过模拟盐雾环境，可以加速材料的腐蚀过程，从而在较短时间内预测材料在自然环境中的耐腐蚀性能。这种测试不仅对于产品的设计和开发阶段非常重要，而且在产品的质量控制和改进过程中也发挥着关键作用。

流程	图示	操作要点	注意事项
盐雾箱的操作		1. 接通电源 按下"电源""操作"键，设置实验室温度为 35℃（±2℃），压力桶温度为 47℃（±2℃），旋转调压阀，将压力表调至 1kg/cm^2（±0.1kg/cm^2）	1. 试验前要确保盐雾试验箱内部和压力桶中加入的是蒸馏水，而不是自来水或地下水，以免影响实验结果。 2. 使用盐雾试验箱前，确保其水平安装并且固定好，避免移动导致风险。 3. 制备氯化钠溶液时，避免将溶液直接从压力桶中手动加水倒入，以免引入杂质。 4. 试验过程中，不要打开盐雾试验箱的门，以防箱体内的热量和盐雾外泄，可能导致其他仪器或物品被腐蚀。 5. 每天定期监测计量筒中的盐水量是否在要求范围内（1～2mL/h），若不在范围内通过上下调节喷雾塔高度控制喷雾量，或者调节压力表压力也可。 6. 每个月要清洗试验箱、喷嘴、盐水过滤嘴，注意观察指示灯是否正常。

盐雾箱
的操作

流程	图示	操作要点	注意事项
盐雾箱的操作		2. 样品放置 将待测产品按照镀锌和镀镍分开,放置在 V 型槽内,均匀摆放,盖上试验箱盖,水封槽内加水,密封(以防漏雾)	
		3. "喷雾"测试 配置 5%的氯化钠溶液(pH 6.5~7.2)从试药入口加入,按下"喷雾"按钮。	

6.2 测定流程

步骤	操作要点	引导问题
1. 作业准备	是否按照要求进行温度、压力设置	1. 为什么盐雾测试时样品要以一定角度倾斜放置?
2. 放置样品	样品放置角度、间距、位置等	
3. 盐雾测试	设备操作是否按照作业指导书进行	2. 测试样品的基本要求有哪些?
4. 结果分析	试验后,对试样进行评估	

6.3 信赖性报告

表 5-2-2　盐雾试验信赖性报告(样例)

基础	产品编号		产品规格		产品镀层	Zn
	产品批号		来料体		产品性能	35SH-K
	来料时间		来料状态	成品	产品类型	
盐雾	实验设备	盐雾试验箱			抽样数量	3
	条件/标准	24h(根据要求具体填写)			开始时间	2024-08-23 10:15:47
	位置	3~6			结束时间	2024-08-24 10:15:52
	实验记录	无异常				
	判定	检验员		检验日期		备注
	合格					

6.4 测定评价

试验后，根据试验结果，对试样进行评估，与产品规格或标准进行比较，评价产品的耐腐蚀性能是否满足要求。评价标准通常包括外观检查、质量损失和腐蚀速率等方面。

外观检查主要观察试样表面是否有腐蚀现象，如点蚀、锈蚀等，并根据腐蚀程度进行评级。

质量损失和腐蚀速率的测量可以提供更准确的腐蚀性能评估。

表 5-2-3 为某电镀产品检查控制方法对照书。

表 5-2-3 成品控制方法（样例）

工序名称	产品检验项目	检验标准		方法	
		控制标准	项目性质	评价与测量	方法
电镀	尺寸		判定项	千分尺通止规检测	执行的作业指导书或标准
	倒角 R	例：R 0.3～0.5mm（自定）	参考项	投影仪	
	镀层厚度	5～10μm（内控）	判定项	荧光膜厚测试仪或投影仪（根据实际填写）	
	盐雾	35℃、5% NaCl、24h,不能有锈蚀、镀层鼓起、剥离等不良	判定项	盐雾试验	
	外观	无掉粒、麻点、毛刺、气孔、砂眼、氧化、缺角、裂纹、生锈、电镀不良及变形等	判定项	目测	

7. 实施过程问题清单

按照作业流程进行测定结束后，请将主要流程内容及每个流程操作过程中遇到的问题等情况填写在表 5-2-4 中（可以小组讨论形式展开）。

表 5-2-4 实施过程问题清单

序号	主要测定流程	实施情况	遇到的问题	原因分析

项目测定评价表

序号	作业项目	操作要求	自我评价	小组评价	教师评价
1	耐腐蚀性能	作业准备			
		放置样品			
		盐雾测试			
		结果分析评估			
2	测定结果评价	评价过程是否规范			
3	原始记录	是否及时记录			
		记录在规定记录纸上的情况			
		关闭电源、填写仪器使用记录			
		废液、废物处理情况			
		台面整理、物品摆放情况			
4	损坏仪器	损坏仪器向下降 1 档评价等级			

评定等级：　优□　　良□　　合格□　　不及格□

 【知识补给站】

【仪器设备】

在工业生产中，盐雾试验箱扮演着至关重要的角色。它通过对产品或材料进行模拟盐雾环境的测试，以评估其在恶劣环境中的耐腐蚀性能。

1. 盐雾试验箱的基本结构

盐雾试验箱主要由以下几个部分组成：

① 喷雾系统：喷雾系统负责将盐雾均匀地喷洒在待测试的产品或材料表面。它通常由喷嘴、盐水储罐和压缩空气供应装置等组成。喷嘴的设计使盐雾能够以适当的角度和分布喷向测试样品，确保每个部分都能受到充分的盐雾侵蚀。

② 控制系统：控制系统是盐雾试验箱的大脑，负责整个试验过程的自动化管理。它可以根据预设的时间和条件，自动调整喷雾的开关、温度和湿度等参数，确保试验的准确性和可重复性。

③ 温湿度调节系统：温湿度调节系统用于模拟不同的环境条件。通过调节加热、制冷和加湿等装置，系统可以精确控制试验箱内的温度和湿度，以满足不同测试标准的要求。

④ 样品架：样品架用于放置待测试的产品或材料。它通常采用耐腐蚀材料制成，以确保在长时间的盐雾测试中不会生锈或影响测试结果。

2. 盐雾试验箱的工作原理

盐雾试验箱的工作原理比较单一，主要基于模拟自然环境中盐雾对材料的腐蚀作用。在试验过程中，盐水储罐中的盐水通过喷嘴形成微细的盐雾，这些盐雾在压缩空气的作用下被喷向测试样品。同时，温湿度调节系统根据预设条件调节试验箱内的温度和湿度，以模拟不同的气候环境。

测试样品在盐雾环境中暴露一段时间后，其表面会受到盐雾的侵蚀，产生腐蚀现象。通过对腐蚀程度的观察和测量，可以评估材料的耐腐蚀性能。将喷雾尽量包裹样品的各个面，这个测试可以连续或者循环进行，直到样品出现腐蚀现象，然后记录下腐蚀的时间作为样品的耐腐蚀性能检测结果，腐蚀的时间越长，就表示样品的耐腐蚀性越好。

此外，盐雾试验箱还可以通过设置不同的试验周期和其他条件，模拟长期暴露于盐雾环境中的情况，从而更全面地了解材料的耐腐蚀性。盐雾试验箱也称为盐雾试验机，全称是盐水喷雾试验机，主要是用来测试样品的耐腐蚀性。目前广泛地应用在航天工业、汽车电子、电子电工、手机数码、塑胶制品、金属材料等行业。测试材料耐腐蚀性能，也是模拟自然条件或工作条件下的极端情况，用以了解各样品的性能、温度等情况。

现在的盐雾试验箱已从单纯中性盐雾试验发展出醋酸盐雾试验、铜盐加醋酸盐雾试验和交变盐雾试验等多种形式。我国已将盐雾试验作为国家标准，并进行了详细的规定说明。

【必备知识】

钕铁硼磁钢经粉末冶金法（包含等静压成型与高温烧结工序）制备时，其高化学活性粉体原料在成型过程中会形成多孔性显微结构，表面易与环境中的水汽、氧气发生电化学腐蚀及氧化反应。当材料基体发生晶界腐蚀或 $Nd_2Fe_{14}B$ 主相结构破坏时，长期暴露于湿热/盐雾环境将导致剩磁、矫顽力等关键磁学参数产生不可逆衰减，严重时引发磁路系统失效，最终影响装备运行精度、能效指标及服役周期。

目前普遍采用电镀、磷化处理或环氧树脂涂覆等表面工程技术，实现材料与环境介质的物理隔绝。

钕铁硼电镀根据产品使用环境的不同而采用了不同的电镀工艺，表面镀层也有所不同。钕铁硼强力磁铁的镀层最常用的分别为镀锌和镀镍这两种，他们在外观、耐腐蚀、使用寿命、价格等方面都有着很明显的区别：

① 抛光性区别：镀镍在抛光上是优越于镀锌的，外观上更为亮一些。对产品外观要求高的一般会选择镀镍，对产品外观要求相对低一点的一般镀锌。

② 耐腐蚀性区别：锌是活泼金属，能与酸反应，耐腐蚀性较差；镀镍表面处理过后，其耐腐蚀性更高。

③ 使用寿命区别：由于耐腐蚀性不同，镀锌的使用寿命低于镀镍，主要表现在使用时间久了表面镀层容易脱落，导致磁体氧化，从而影响磁性能。

④ 硬度区别：镀镍比镀锌硬度高，在使用过程中，可以极大程度地避免碰撞等情况，使得钕铁硼强力磁铁出现掉角、碎裂等现象。

⑤ 价格区别：在这方面镀锌是极具优势的，价格从低到高排列为镀锌，镀镍，环氧树脂等。

选用钕铁硼强磁时，需要根据使用温度、环境影响、耐腐蚀特性、产品外观、镀层结合力、胶粘效果等因素，综合考虑选用何种镀层。

测定项目三　钕铁硼产品磁性能检测

项目描述

本项目进行钕铁硼产品磁性能相对检测（或比较检测）。采用磁通计测量磁体的磁通量、高斯计（特斯拉计）测量磁体的表面磁场。

项目分析

对钕铁硼的磁性能进行检测，有助于了解其在实际应用中的表现，从而优化设计和提高产品性能。钕铁硼产品磁性能检测包括磁能积、内禀矫顽力、剩磁、应用矫顽力等。这些测试主要是检测磁钢的性能是否达标。

烧结钕铁硼产品有各种各样的形状和尺寸，有些用户除了对产品的性能、牌号有严格要求外，还会要求对样本做磁性能相对检测，例如，有的用户要求抽检产品的表面磁场值，有的用户要求抽检产品的磁通值，还有的用户要求抽检产品的磁矩。为了满足这些要求，相应地发展了不同的测量方法：1. 特斯拉计检测磁体的表面磁场值；2. 磁通计测量磁体的磁通量；3. 亥姆霍兹线圈＋磁通计测量磁体的磁矩。

项目实现（作业指导书）

1. 目的
规范仪器、设备的正确使用，能按照作业指导书进行正确操作。

2. 范围
钕铁硼产品磁性能相对检测（或比较检测）。

3. 职责
（1）实验操作人员负责按照作业指导书要求进行分析检测。

（2）组长、教师负责本作业指导书执行情况的监督。

4. 仪器
（1）磁通计。

（2）高斯计。

5. 试样
钕铁硼产品保存于密封好的塑料瓶中。

6. 作业流程

测试项目	钕铁硼产品磁性能检测				
班级		检测人员		所在组	

6.1　仪器作业准备
本项目检测中，主要使用的仪器包括 TA102E 磁通计用于磁性材料的磁通测量、空间测量以及与其他设备配合进行磁性参数测量，高斯计测量表面磁场。根据项目描述，请查阅资料列出所需主要仪器的操作清单，见表 5-3-1。

表 5-3-1　仪器清单

所需仪器	型号	主要结构	评价方式
磁通计	TA102E		材料提交
高斯计	HT208		材料提交

TA102E
磁通计
的操作

6.1.1　TA102E 磁通计的操作

　　TA102E 磁通计又称为磁通积分器，是一种利用 RC 电子积分原理测量磁通的精密积分仪器，可用于空间磁场测量和磁性材料研究。

流程	图示	操作要点	注意事项
磁通计的操作		1. 接线 按照后面板，将磁通探测亥姆霍兹线圈接到后面板标有 INPUT 的接线柱上	1. 检查现场，磁通计及线圈处于无磁环境，测量人员身上无手机等带磁工件。 2. 本磁通计有两个量程(×1)0.01Wb;(×10)0.1Wb (1)按下(×1)键，磁通计的量程设置为 0.01Wb 即当磁通表头显示值为 10000 时，磁通值为 0.01Wb; (2)按下(×10)键，磁通计的量程设置为 0.1Wb，即当磁通计表头显示值为 10000 时，磁通值为 0.1Wb
		2. 开机预热 接好电源线，按下电源开关 POWER，预热 30min 左右	
		3. 调整线圈置物平台高度 保证样品处于线圈中间位置	
		4. 量程选择键 根据待测样品规格选择"×1/×10"挡	
		5. 归零 按"RESET"键将磁通计显示归零，如磁通计不断波动无法归零，微调"RDJ DRIFT"旋钮使磁通计显示稳定;磁通计数值显示"+"值左旋"RDJ DRIFT"键，磁通计数值显示"−"值右旋"RDJ DRIFT"键进行微调	3. 注意:每次测量前，必须注意 TA102E 磁通计的零点(必须为零)
		6. 测试 磁通计归零后将待测样品取向和方向垂直放入线圈置物平台上，确认磁通计显示数值	

<table>
<tr><td colspan="4" align="right">续表</td></tr>
<tr><td>流程</td><td>图示</td><td>操作要点</td><td>注意事项</td></tr>
<tr><td rowspan="2">磁通计的操作</td><td></td><td>7. 读取数值
再把磁通计重新归零后，将样品移出线圈并远离线圈1m以外，此时磁通计显示数值为被测产品磁通值。记录数据</td><td>4. 磁通计、待测样品测试温度一般控制在22℃±2℃</td></tr>
<tr><td></td><td>8. 测定结束
测量结束后按电源键关机，并将各工具恢复原位</td><td></td></tr>
</table>

6.1.2　高斯计 HT208 的操作

高斯计 HT208 是检测磁场感应强度的专用仪器，是磁性测量领域中用途最为广泛的测量仪器之一。

高斯计
HT208
的操作

<table>
<tr><td>流程</td><td>图示</td><td>操作要点</td><td>注意事项</td></tr>
<tr><td rowspan="2">高斯计的操作</td><td></td><td>1. 开机
按"ON/OFF"键，开机，选择单位"MT/GS"；检查现场，高斯计处于无磁环境，测量人员身上无手机等带磁工件</td><td rowspan="2">1. 设备应放在干燥通风处，避免在高温、潮湿的地方使用。
2. 开机检查及工作中有异常，应立即停机并及时通知相关维修人员，不得擅自进行拆修。
3. 定期检查各类线缆有无破损、裸露及松动情况，并清理电气控制室灰尘，在丝杆处适当喷洒防锈油。
4. 操作人员必须熟悉所使用设备的安全使用方法及设备的构造、性能和维修</td></tr>
<tr><td></td><td>2. 测试
按"ZERO/RESET"键，归零，将霍尔探头平放在产品表面（不能有间隙），记录测试值（如需测试最大表磁，按下"REAL/HOLD"键）</td></tr>
</table>

6.2　检测流程

6.2.1　磁通量测定步骤

步骤	操作要点	引导问题
1. 连接仪器	连接好仪器，待测样品取向面垂直放入线圈置物台中间	1. 如何选择不同的线圈？注意事项有哪些？

步骤	操作要点	引导问题
2. 读数	观察磁通计显示屏上的数值,记录测量结果	2. 如何准确测量磁通量? _____ _____
3. 多次测定	如需连续测量,可按需进行多次测量并计算平均值	3. 为什么测量多组数据?测量的标准是什么? _____ _____

6.2.2 表磁测定步骤

步骤	操作要点	引导问题
1. 开机	开机选择正确量程	1. 如何准确测量磁通量?测量中注意事项有哪些? _____ _____
2. 测试	观察高斯计显示屏上的数值,记录测量结果	2. 显示屏上出现数字及单位的含义?高斯计与磁通计的区别? _____ _____
3. 多次测定	如需连续测量,可按需进行多次测量并计算平均值	3. 是否需要多次测量?测量的标准是什么? _____ _____

6.3 信赖性报告

盐雾试验信赖性报告见表 5-3-2。

表 5-3-2　盐雾试验信赖性报告(样例)

基础	产品编号		产品规格		产品镀层	Zn
	产品批号		来料体	A02	产品性能	35SH-K
	来料时间	2024-08-23	来料状态	成品	产品类型	
	实验设备				抽样数量	5
	条件/标准	抽样量:15 片;半开路,120℃×2h×1mm 铁板,减磁≤3%(内控)				

磁通减磁	统计项目	N 极初始磁通/Wb	N 极加热后磁通/Wb	磁衰减/%	S 极初始磁通	备注
	Max	976.00	964.00	2.77		
	Min	970.00	949.00	0.93		
	Age	973.20	959.00	1.46		
	1	971.00	960.00	1.13		
	2	973.00	961.00	1.23		
	3	976.00	964.00	1.23		
	4	976.00	949.00	2.77		
	5	970.00	961.00	0.93		
	判定	检验员		检验日期		备注
	合格					

6.4 测定评价

表 5-3-3 为某电镀产品检查控制方法对照书。

表 5-3-3　成品控制方法（样例）

工序名称	产品检验项目	检验标准		方法	
		控制标准	项目性质	评价与测量	方法
信赖性试验	热减磁	抽样量：15 片；半开路，120℃×2h×1mm 铁板，减磁≤3%（内控）	参考项	磁通计 烘箱	《信赖性试验合格验收标准》
	磁通	记录实测数据，标明检测仪器进行对标	参考项	磁通计 烘箱	
	表磁	—	判定项	盐雾试验箱	
	盐雾	35℃、5% NaCl，24h，不能有锈蚀、镀层鼓起、剥离等不良	判定项	盐雾试验箱	

6.5 注意事项

（1）收到样品后应尽快进行检测。

（2）测量产品磁性能时，要远离手机等磁性材料的干扰。

7. 实施过程问题清单

按照作业流程进行测定结束后，请将主要流程内容及每个流程操作过程中遇到的问题等情况填写在表 5-3-4 中（可以小组讨论形式展开）。

表 5-3-4　实施过程问题清单

序号	主要测定流程	实施情况	遇到的问题	原因分析

项目测定评价表

序号	作业项目	操作要求	自我评价	小组评价	教师评价
1	磁通量的测定	检查磁通计			
		清扫磁通计及周围环境			
		接通电源、预热			

序号	作业项目	操作要求	自我评价	小组评价	教师评价
1	磁通量的测定	调整线圈选择量程			
		测量操作规范			
		读数,记录正确			
		复原磁通计			
2	表磁的测定	开机检查			
		检查高斯计处于无磁环境			
		霍尔探头是否平放在产品表面(不能有间隙)			
		读数,记录正确			
		复原高斯计			
3	测定结果评价	评价过程是否规范			
4	原始数据记录	是否及时记录			
		记录在规定记录纸上情况			
5	测定结束	仪器是否清洗干净			
		关闭电源,填写仪器使用记录			
		废液、废物处理情况			
		台面整理、物品摆放情况			
6	损坏仪器	损坏仪器向下降1档评价等级			
评定等级: 优□ 良□ 合格□ 不及格□					

 【知识补给站】

【仪器设备】

1. 磁通计

1.1 认识磁通计

磁通计是一种基于法拉第电磁感应定律设计的精密仪器,其作用原理是通过电子或数字积分器对线圈内磁通变化产生的感应电动势进行积分运算,从而实现对磁通量的精确测量。作为磁学领域的重要工具,它不仅能够直接测量永磁体、电磁器件的磁通量,还可通过比较测量法在工业质检中实现快速判定,现已成为永磁产品检测的核心设备之一。

磁通计的使用场景非常广泛,包括电力、电子、通信、航天、军事等领域。在电力领域中,磁通计可以用于变压器、电感器等电气设备的检测;在电子和通信领域中,磁通计可以用于检测电磁信号和电磁场对电子设备的影响;在航天和军事领域中,磁通计可以用于检测磁场对导航和制导系统的影响等。

磁通计产品的优势主要有以下几点：

① 测量准确度高：磁通计的测量准确度可以达到0.1%以上，可以满足大多数科研和工业生产的要求。

② 测量范围宽：磁通计的测量范围可以从几毫韦伯到几百韦伯不等，可以根据实际需要进行选择。

③ 使用方便：磁通计一般采用数字显示和自动化控制，使用方便快捷。

④ 可靠性高：磁通计采用先进的磁学技术和电子技术，具有较高的可靠性和稳定性。

⑤ 模块化扩展：支持与霍尔探头、亥姆霍兹线圈等传感器灵活组网，可扩展为三维磁场测量系统。

1.2 磁通计类型

随着社会经济和科学技术的发展，常用的有磁电式、电子式和数字积分式三种类型。

（1）磁电式磁通计　这是一种没有反抗力矩的磁电系检流计。其可动部分所带动的指针可停留在标尺上的任意位置，并且工作在极度过阻尼状态。使用时，将其动圈与外接磁通探测线圈相连。当探测线圈所链合的磁通量有变化时，线圈中产生感应电动势，使磁通计的指针由原来的位置 α_1 偏转到新的位置 α_2，两位置的差值（$\Delta\alpha = \alpha_2 - \alpha_1$）与感应电动势的时间积分成比例，从而也与磁通量的变化 $\Delta\Phi$ 成比例。磁电式磁通计按毫韦伯分度，又称毫韦伯计。其上装有调整机构，可在读数前将指针调到零点或其他便于读数的位置。但其灵敏度较低，仅为 0.1mWb/分度。如要求更高的灵敏度，须使用冲击检流计或使用电子式、数字积分式磁通计。

（2）电子式磁通计　由电子式积分器与指示仪表组成。积分器用集成放大器加阻容反馈构成；指示电表可以是机械式指示电表，也可以是数字电压表。当探测线圈中所链合的磁通量变化 $\Delta\Phi$ 时，线圈中感应出电动势 E，此时，积分器的输出电压 $E_0 = -n\Delta\Phi/RC$（n 为探测线圈的匝数，R 为电阻，C 为积分电容），从指示电表上即可读出与探测线圈相链合的磁通的变化量。20 世纪 80 年代的电子式磁通计的灵敏度大约可达 10^{-3}mWb/分度，远高于磁电式磁通计，但仍低于冲击检流计。

（3）数字积分式磁通计　由电压-频率变换器与计数器构成。探测线圈中的磁通变化 $\Delta\Phi$ 所感生的电压 E，由电压-频率变换器转换为脉冲链，其重复频率与不同时刻的 E 值成正比。计数器对脉冲链作总计数，总计数 N 与 $\Delta\Phi$ 成正比，从而获得磁通的变化量。

具体工作原理为测量线圈内磁通变化时，根据可动框架的偏转程度来确定磁通量的磁场测量仪器。在测量线圈和磁通计的可动框架绕组构成的闭合回路中，当测量线圈内磁通 Φ 变化时，有感应电流通过框架绕组，促使框架产生一定偏度 α，Φ 和 α 成正比。磁通量（Wb）可以通过公式 $\Phi = (c\alpha/N) \times 10^{-3}$ 计算得出，其中 c 为磁通计冲击系数，mWb/格，标准磁通计中 $c = 1$；N 为测量线圈匝数。这种原理使得磁通计能够直接测量出磁通量，而磁场强度则是经计算后得出。在使用前，磁通计需要校正，以保证测量的准确性。

1.3 正确选用磁通计

测量时，磁通计是测量磁通量的仪器，在电学和磁学领域中均有广泛的应用。在选择磁通计时，我们需要从产品结构、产品选择、产品优势、使用场景等角度进行分析。

从产品结构角度来看，磁通计通常由磁铁、测量线圈和指示器三个主要部分组成。磁铁用于产生磁场，测量线圈用于测量磁通量，而指示器则用于显示测量结果。

在选择磁通计时，需要考虑以下几点：

① 测量范围。不同的磁通计有不同的测量范围，需要根据实际需要进行选择。

② 精度。精度是磁通计的重要指标之一，高精度的磁通计能够更好地满足科研和工业生产的要求。

③ 稳定性。磁通计在使用过程中需要保持稳定，因此，需要选择稳定性好的产品。

④ 体积和重量。对于便携式应用，需要选择体积小、重量轻的磁通计。

2. 高斯计

2.1 高斯计概述

高斯计，也称为毫特斯拉计，是一种基于霍尔效应原理进行磁场测量的仪器。它主要用于测量物体在一个点的静态或动态（交流）磁感应强度。高斯计由霍尔探头和测量仪表构成，通过霍尔传感器（精度更高可选择磁通门传感器）来测量物体在空间上一个点的静态或动态（交流）磁感应强度。高斯计的读数以高斯或千高斯为单位，1特斯拉（T）＝10000高斯（Gs），1毫特斯拉（mT）＝10高斯（Gs），1高斯（Gs）＝1000毫高斯（mGs）。

高斯计广泛应用于磁材生产及应用单位、计量检测机构、机械制造企业、高校科研单位等。它不仅可以用于直接测量铁磁性材料和零部件在加工使用过程中被磁化产生的磁性，还可以用于经过磁粉探伤后，退磁处理的测量工件剩余磁场的指示。此外，高斯计还可以用来检测钢铁工件表面存在的直流磁场，以及检测长时间存放于空气中的金属物品是否因杂散电压而带有磁性。

综上所述，高斯计是一种重要的磁感应强度测量工具，广泛应用于多个领域，对于磁性材料的检测和分析具有重要意义。

2.2 高斯计 HT208

HT208是单片机控制的便携式数字特斯拉仪，可用于测量直流磁场、交流磁场、辐射磁场等各类磁场的磁感应强度，该仪器可以随身携带，量程范围宽，操作方便，液晶显示清晰。具有峰值保持功能、mT/Gs单位转换、按键自动值零、两档量程200mT/2000mT可转换，低档量程当溢出时会自动进挡。电源为四节5号电池，可连续工作100h左右，当使用自动关机时，可连续工作数星期（如图5-3-1所示）。

（1）使用范围

① 永磁材料的表面空间磁场的分布（即我们所说的表磁测量）。

② 磁路结构内的间隙磁场。

③ 利用电磁感应原理所制造的设备（例如：除铁器、磁选机、永磁吸盘、电磁铁、退磁器）进行检测。

④ 铁磁物质的剩余弱磁场，环境磁场。

（2）工作原理　本系列仪器采用的传感器是基于霍尔效应原理制成的传感器，即霍尔传感器。传感器有横

图 5-3-1　高斯计 HT208

向、轴向两种，用户可根据需求选择或另外配置。电路采用低漂移的放大器以及高稳定度的供电电源、单片机控制、1/2液晶显示。

【必备知识】

1. 表磁

表磁是指磁体表面某一点的磁感应强度（那么中心和边缘的表磁就不一样），是高斯计与磁体某一表面接触测得的数值，并非该磁体整体的磁性能。

测量：测量磁铁表磁一般使用高斯计，也叫特斯拉计。不同厂家高斯计上的霍尔感应元件不同，对同一磁体所测量出来的表磁也就不一样。此外，需注意不同国家使用的高斯计计量标准不一样。

表磁与磁铁的高径比（磁铁的高度与直径之比）有关，高径比值越大，表磁越高，即垂直于磁化方向的表面积越大，表磁越低；磁化方向尺寸越大，表磁越高。

2. 磁通量

设在磁感应强度为 B 的匀强磁场中，有一个面积为 S 且与磁场方向垂直的平面，磁感应强度 B 与面积 S 的乘积，叫作穿过这个平面的磁通量，简称磁通，符号"Φ"，单位是韦伯（Wb）。磁通量是表示磁场分布情况的物理量，是一个标量，但有正负，正负仅代表其方向（图 5-3-2）。$\Phi = B \cdot S$，当 S 与 B 的垂面存在夹角 θ 时，$\Phi = B \cdot S \cdot \cos\theta$。

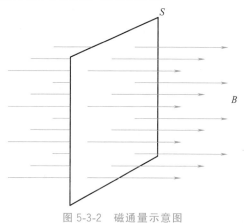

图 5-3-2　磁通量示意图

通过某平面磁通量的大小，可以用通过这个平面的磁感线的条数来形象地说明。在同一磁场中，磁感应强度越大的地方，磁感线越密。因此，B 越大，S 越大，磁通量就越大，意味着穿过这个面的磁感线条数越多。穿过一个平面的两个磁通量若方向相反，这时的合磁通为相反方向磁通量的代数和。

测量：磁通计是测量磁通量的仪器，同时需配合测量线圈（直径 0.1～0.5cm 的铜线），近年来国内永磁体生产厂家广泛地采用亥姆霍兹线圈对批量产品进行检测。（亥姆霍兹线圈是一种制造小范围区域均匀磁场的器件。由于亥姆霍兹线圈具有开敞性质，很容易地可以将其他仪器置入或移出，也可以直接做视觉观察，所以是物理实验常使用的器件。因德国物理学者赫尔曼·冯·亥姆霍兹而命名）

［1］ 李良才. 稀土提取及分离. 赤峰：内蒙古科学技术出版社，2011.

［2］ 付玉龙. 分析化学. 3版. 大连：大连理工大学出版社，2016.

［3］ 干勇主编，郝茜等编著. 实用稀土冶金分析. 北京：冶金工业出版社，2018.

［4］ 黄一石主编. 化验员读本. 北京：化学工业出版社，2020.

［5］ 王炳强，谢茹胜主编. 世界技能大赛化学实验室技术培训教材. 北京：化学工业出版社，2020.

［6］ 沈磊，季剑波主编. 世界技能大赛赛项指导书化学实验室技术. 北京：化学工业出版社，2021.

［7］ 尚华主编. 化学分析技术. 北京：化学工业出版社，2024.

［8］ GB/T 18114.10—2010 稀土精矿化学分析方法 第10部分：水分的测定 重量法.

［9］ GB/T 18114.1—2010 稀土精矿化学分析方法 第1部分：稀土氧化物总量的测定 重量法.

［10］ GB/T 16484.1—2009 氯化稀土、碳酸轻稀土化学分析方法 第1部分：氧化铈量的测定 硫酸亚铁铵滴定法.

［11］ GB/T 12690.7—2021 稀土金属及其氧化物中非稀土杂质化学分析方法 第7部分：硅量的测定.

［12］ XB/T 617.7—2014 钕铁硼合金化学分析方法 第7部分：氧、氮量的测定 脉冲-红外吸收法和脉冲-热导法.